Williams Onyeji

Princípios fundamentais da tecnologia da manutenção Volume II

Williams Onyeji

Princípios fundamentais da tecnologia da manutenção Volume II

Guia de Fundamentos da Manutenção

ScienciaScripts

Imprint
Any brand names and product names mentioned in this book are subject to trademark, brand or patent protection and are trademarks or registered trademarks of their respective holders. The use of brand names, product names, common names, trade names, product descriptions etc. even without a particular marking in this work is in no way to be construed to mean that such names may be regarded as unrestricted in respect of trademark and brand protection legislation and could thus be used by anyone.

Cover image: www.ingimage.com

This book is a translation from the original published under ISBN 978-620-7-45041-1.

Publisher:
Sciencia Scripts
is a trademark of
Dodo Books Indian Ocean Ltd. and OmniScriptum S.R.L publishing group

120 High Road, East Finchley, London, N2 9ED, United Kingdom
Str. Armeneasca 28/1, office 1, Chisinau MD-2012, Republic of Moldova, Europe
Printed at: see last page
ISBN: 978-620-8-28704-7

Conteúdo

PREFÁCIO

Este livro cobre a maior parte dos conteúdos presentes nos programas de estudo das instituições tecnológicas e universitárias. Apesar do facto de, nesta edição, os diagramas serem intencionalmente omitidos (para reduzir o seu custo e volume), foram feitos esforços para simplificar o livro para que todos os leitores o possam compreender.

Este livro é, portanto, recomendado para todos os estudantes que oferecem cursos de Manutenção em instituições terciárias, além disso, pode servir efetivamente como um importante manual para profissionais, técnicos e indivíduos para trabalhos de manutenção em instituições, instalações públicas, residenciais, privadas e na indústria da construção para aumentar a eficácia no trabalho de manutenção.

RECONHECIMENTO

Expresso sinceramente a minha gratidão e louvor a Deus Todo-Poderoso pela oportunidade e privilégio que me foi dado de publicar este livro.

Agradeço também à minha mulher, Dra. (Sra.). Paulina Oluwafunmilayo WILLIAMS-ONYEJI e aos meus queridos filhos pelo seu encorajamento e apoio para garantir o sucesso desta publicação.

Williams C. ONYEJI

CAPÍTULO 1

MÃO-DE-OBRA DE MANUTENÇÃO

Introdução

A mão de obra de manutenção é composta por trabalhadores contratados diretamente ou por trabalhadores mistos. Fundamentalmente, o primeiro passo consiste em conhecer as necessidades funcionais da organização, as vantagens e desvantagens da mão de obra direta, de modo a decidir as modalidades de mão de obra de manutenção mais adequadas. É de notar que as desvantagens da mão de obra direta se transformam em vantagens da mão de obra contratual (indireta). Também se deve ter em mente que, por vezes, podem surgir ocasiões em que se torna necessário e desejável empregar uma agência especializada de fora da empresa para certos problemas específicos de manutenção.

Vantagens da mão de obra direta

1. Flexibilidade: A mão de obra direta proporciona uma maior flexibilidade e uma resposta mais rápida a qualquer problema de manutenção de emergência devido ao controlo total sobre o movimento e a atribuição de trabalho de uma mão de obra direta. A mão de obra direta está sempre disponível na organização e pode ser imediatamente solicitada para resolver o problema. A força de trabalho direta tem um conhecimento profundo dos locais, do tipo de problemas e das soluções necessárias. A falta de resposta rápida por parte da força de trabalho de manutenção do edifício pode resultar na interrupção ou paragem do processo de produção e na perda de boa vontade. O controlo da mão de obra direta pode contribuir muito para reduzir a necessidade de manutenção de emergência, estabelecendo e supervisionando um sistema de manutenção regular, planeada e preventiva.
2. Conhecimento íntimo: Os membros da mão de obra direta adquirem um conhecimento íntimo e experiência do edifício, equipamento e seus serviços ao longo de um período de tempo. Este conhecimento e experiência íntimos tornam-se um grande trunfo da mão de obra de manutenção direta, especialmente no caso de um grande volume de equipamento e serviços. Embora estes serviços e equipamentos possam ser normalizados, por vezes podem desenvolver as suas próprias particularidades. A familiaridade com estas particularidades facilita o diagnóstico rápido da avaria e a solução necessária para repor o serviço em funcionamento com o mínimo de atraso. Este facto contribuirá igualmente para promover boas relações entre o pessoal da produção e da manutenção e para melhorar o ambiente geral na organização.
3. Controlo eficaz: Uma mão de obra direta permite à gestão controlar a estratégia global do trabalho de manutenção de forma mais eficaz devido às capacidades e limitações bem conhecidas dos indivíduos que fazem parte da mão de obra direta. Também se pode obter um equilíbrio efetivo entre a mão de obra especializada e o pessoal de engenharia, dependendo da natureza e do tipo de problema de manutenção. O planeamento do volume de trabalho está também sob melhor controlo no caso da mão de obra direta, em comparação com a mão de obra contratada. O controlo da

qualidade também é melhor, uma vez que a mão de obra direta pode ser motivada para fazer um trabalho eficaz, de modo a reduzir ou eliminar futuros problemas de manutenção que terão de ser corrigidos por eles.

Desvantagens da mão de obra direta:

É muito difícil ser específico quanto às desvantagens de uma mão de obra direta, uma vez que estas dependem do tipo de instalações e de organização. Cada tipo de instalação e organização tem diferentes tipos de problemas de manutenção. Em pequenas organizações, a mão de obra de manutenção direta pode permanecer subempregada. Uma manutenção insuficientemente planeada ou preventiva pode não os manter totalmente ocupados e o desperdício e a falta de rentabilidade do trabalho levam-nos a esperar que algo corra mal.

Também se pode argumentar que uma grande força de trabalho direta pode estar equipada para lidar com problemas que ocorrem apenas na sua jurisdição. No entanto, nem sempre têm na sua própria força de trabalho o pessoal qualificado ou especificamente experiente necessário (para tirar pleno partido das instalações disponíveis na organização) para lidar com problemas complexos que podem surgir a qualquer momento ou subitamente. A produtividade é frequentemente citada como sendo mais baixa no caso da mão de obra direta, devido às pessoas mais velhas e à segurança do emprego, em comparação com a mão de obra contratada. No caso da mão de obra contratada, os pagamentos salariais e os regimes de bónus de incentivo baseiam-se em resultados quantitativos. Também se argumenta que a mão de obra mais idosa tende a ter um vasto conhecimento e experiência, o que reduz a necessidade global de manutenção devido à qualidade adequada do seu trabalho de manutenção. A principal desvantagem do sistema de manutenção por administração direta é a baixa produtividade (que pode atingir 65%). Esta baixa produtividade pode não se dever necessariamente a uma má mão de obra ou à falta de trabalho, mas muitas vezes à sua natureza e localização. A contratação de mão de obra contratada para realizar pequenos trabalhos isolados, espalhados por uma grande área, pode ser mais dispendiosa do que a mão de obra direta. Se o contrato de manutenção for de longo prazo, o empreiteiro é chamado a fornecer a mão de obra e os materiais necessários num determinado local e num determinado momento, uma vez que apenas o tempo produtivo será cobrado. Este tipo de contrato permite que o empreiteiro canalize a sua mão de obra para outros trabalhos quando as necessidades de manutenção não existem. A mão de obra direta pode não produzir os resultados desejados no caso de uma força de trabalho e de uma liderança não empenhadas.

Para se chegar a uma conclusão sobre a utilização de mão de obra direta ou contratada para os trabalhos de manutenção, esta deve basear-se no volume de trabalho, na natureza da manutenção e na quantidade de tempo improdutivo previsto devido às deslocações entre os trabalhos. A importância da manutenção está a aumentar gradualmente à luz do ambiente altamente competitivo do mercado mundial e dos requisitos de qualidade total em todos os sectores da vida. Nas organizações bem sucedidas, as equipas de gestão e manutenção começaram a levar as tarefas de manutenção mais a sério para decidir sobre a escolha de um contrato direto ou de um tipo misto de mão de obra. Para além das considerações económicas, esta seleção envolve a natureza da manutenção, a dimensão e a política da empresa e a informação de retorno de experiências anteriores. Esta opção pode ser decidida com base no equilíbrio de várias vantagens, desvantagens e outras considerações de liderança.

SISTEMA DE GESTÃO E COMUNICAÇÃO DA INFORMAÇÃO

A conceção e o desenvolvimento de um sistema de manutenção eficaz baseado em dados exigirão informações precisas de projectos semelhantes, com base na experiência anterior. Será necessário recolher informações de projectos semelhantes sobre os custos de capital, os custos de funcionamento, a natureza dos problemas de manutenção e das equipas, as necessidades dos utilizadores, os obstáculos à manutenção e as avaliações. A informação de retorno será também necessária para modificar e melhorar a qualidade do sistema de manutenção existente. O projetista do sistema necessitará de informações específicas sobre os requisitos de manutenção em várias fases de conceção e desenvolvimento da organização. Todas as informações e requisitos de manutenção devem ser comunicados em termos muito claros no que diz respeito aos edifícios e equipamentos, para atingir os objectivos e metas desejados. Os diferentes tipos de informação recolhidos têm de ser analisados e escrutinados cientificamente antes de serem aplicados para atingir os objectivos de qualidade e manutenção exigidos. Os vários tipos de informação necessários em diferentes fases são apresentados de seguida:

Resumo inicial: Nesta fase, o projetista deverá apresentar um esboço das necessidades de manutenção e dos objectivos propostos. Os novos edifícios ou instalações propostos, as extensões e as adaptações devem ser claramente especificados. Este esboço de informação consistirá em todos os detalhes básicos do local, áreas aproximadas para várias utilizações, juntamente com a ocupação, densidades, requisitos de serviço, normas exigidas e objectivos de tempo e custo. Esta informação permite ao projetista produzir esboços de edifícios ou instalações com resumos aproximados de custos e requisitos de manutenção.

Desenhos de trabalho e especificações: Os projectos de esboço com custos aproximados e requisitos de manutenção facilitam a aprovação pela direção de projectos alternativos adequados para a preparação de desenhos de trabalho e especificações pormenorizadas para os novos trabalhos de manutenção. Os desenhos de trabalho e as especificações pormenorizadas devem ser preparados para a(s) alternativa(s) selecionada(s). Nesta fase, são recolhidas e fornecidas informações pormenorizadas sobre todos os aspectos do projeto e, em especial, sobre a manutenção.

Estas informações para a manutenção devem incluir quaisquer caraterísticas especiais necessárias em termos de acesso a diferentes partes, edifícios ou equipamentos no contexto da política de manutenção do proprietário da instalação. Devem ser comunicadas quaisquer restrições quanto à escolha de materiais com base nos métodos de limpeza ou renovação propostos, especialmente no contexto dos pavimentos. Os pavimentos constituem um dos maiores elementos de manutenção, renovação, limpeza e segurança em qualquer edifício. A má localização de elementos permanentes, como condutas/eixos, escadas e elevadores, pode muitas vezes limitar a possibilidade de alterações e modificações necessárias no futuro.

A localização destes elementos permanentes influenciará as alterações posteriores e os requisitos de manutenção. As informações acima referidas podem ser comunicadas ao projetista sob a forma de instruções escritas pormenorizadas, desenhos esquemáticos de quaisquer requisitos específicos e literatura pormenorizada do fabricante para materiais, equipamento ou acessórios especiais.

Escolha dos contratos de manutenção: O método de seleção de um contrato de manutenção dependerá da dimensão e da natureza do trabalho de manutenção a realizar. Os edifícios simples e relativamente pequenos, situados em locais claramente isolados, são geralmente contratos diretos para os quais existe documentação completa. Estes contratos de manutenção são, por conseguinte, adequados para uma proposta de preço fixo obtida através de concurso entre um número selecionado de contratantes. Os grandes edifícios situados em locais congestionados são, no entanto, mais bem servidos por concursos de empreiteiros selecionados com base num mapa de quantidades aproximadas (BAQ).

Os trabalhos complicados de ampliação e alteração são melhor executados com base num preço negociado com um empreiteiro especializado nesse tipo de trabalhos. Em muitos casos especializados e complicados, é preferível celebrar um contrato numa base de custo acrescido. Isto inclui o custo da mão de obra e dos materiais efetivamente utilizados, acrescido de uma percentagem acordada para cobrir as despesas gerais e o lucro do empreiteiro. Quando o valor exato da proposta não pode ser avaliado de antemão, é necessário incluir subsídios generosos para itens imprevistos, o contrato de manutenção com base no custo acrescido de uma margem é bastante adequado.

A manutenção de qualquer organização deve fornecer orientação e direção em relação às tarefas, de modo a decidir o tipo de contrato e o tipo de tarefa de manutenção envolvida. As diferentes secções de qualquer organização devem fornecer informações e conselhos sobre o tipo de tarefa de manutenção à direção, que, por sua vez, deve transmitir as informações à equipa/secção de manutenção. A informação pode ser comunicada através de um sistema de discussão e/ou de feedback. As tendências projectadas devem ser tidas em conta para obter a máxima flexibilidade do edifício proposto ou da adaptação no futuro.

A política de manutenção da direção desempenha um papel muito importante para o êxito da manutenção e para manter o edifício em condições de funcionamento. Um sistema de informação e comunicação adequado desempenha um papel vital no sucesso das instalações de manutenção. A manutenção a curto e longo prazo deve ser planeada e incorporada na informação de conceção desde o início, de modo a atingir objectivos de economia óptima, através da clareza da política de manutenção. O manual de manutenção, que especifica vários pormenores e requisitos especiais de trabalhos de manutenção complicados, deve ser fornecido juntamente com a conclusão dos trabalhos de construção ou de adaptação. A elaboração de um manual de manutenção contribuirá muito para assegurar a manutenção adequada de um edifício e para o manter em condições de funcionamento ao custo mais económico possível, em resultado da clareza do sistema de informação e comunicação desde a fase de projeto.

CAPÍTULO 2

ESPECIFICAÇÕES PARA OBRAS DE ADAPTAÇÃO E MANUTENÇÃO

Introdução

Uma especificação pode ser definida como um documento escrito que estabelece em pormenor a natureza exacta e o conteúdo do trabalho, o padrão mínimo aceitável de mão de obra e os materiais a utilizar. Este documento deve ser redigido e lido em conjunto com quaisquer desenhos, planos e listas de quantidades preparados para o trabalho proposto.

O caderno de encargos não deve substituir as indicações ou informações constantes de outros documentos, mas deve clarificar as informações que não tenham sido claramente fornecidas, sob pena de poderem ser objeto de interpretações erradas. Os desenhos mostram geralmente a disposição geral e os pormenores das obras propostas e a especificação deve descrever os requisitos exactos desses pormenores e disposições. Todas as dimensões e anotações importantes devem ser incluídas nos desenhos, pelo que, normalmente, não é necessário incluí-las nas especificações. As dimensões gerais, tais como as dimensões das divisões e as dimensões de elementos individuais, tais como vigas e referências, devem ser sempre indicadas. Nas pequenas obras em que não são fornecidos desenhos ou pormenores, a especificação deve descrever integralmente as obras e incluir todas as informações e dimensões pertinentes.

Conceitos de especificação

Uma especificação pormenorizada, mas ao mesmo tempo exacta, ajudará a evitar erros e mal-entendidos durante a execução dos trabalhos. A especificação pode ser elaborada pelo projetista, pelo avaliador de quantidades, pelo gestor de manutenção, pelo empreiteiro de manutenção do edifício ou pelo cliente, consoante a dimensão e a natureza do trabalho de manutenção. As especificações são elaboradas antes da realização de qualquer tarefa de manutenção, a fim de evitar litígios e garantir normas de qualidade adequadas para o trabalho.

Devem ser evitadas generalizações nas especificações, tais como "necessário" e "conforme necessário", uma vez que tais generalizações conduzem a diferentes interpretações e indicam falta de clareza por parte da pessoa que prepara as especificações. Também é injusto esperar que um orçamentista dê um preço exato com base numa declaração vaga, o que, por sua vez, pode levar a pedidos de pagamento extra quando as contas forem liquidadas após a execução do trabalho. Quando a pessoa que prepara o caderno de encargos não tem a certeza de descrever corretamente a natureza exacta do trabalho ou o que será realmente necessário no local da obra, deverá ser incluído um montante provisório que poderá ser ajustado por acordo entre as partes interessadas aquando da liquidação das contas finais. Preparação e conteúdo de um caderno de encargos.

A elaboração e a formalização de um caderno de encargos são regidas pelos três factores seguintes:

A quem compete a elaboração do caderno de encargos?

Qual é o seu objetivo?
Quem o vai utilizar?

Elaboração e conteúdo do caderno de encargos

Se a preparação for realizada por um proprietário ou ocupante para fins de instrução interna ou para obter um orçamento, é muito provável que o seu conteúdo não seja técnico e possa ser agrupado em áreas de atividade, como reparações num telhado, reparações em casas de banho, etc. As descrições serão provavelmente abrangentes, não separadas em componentes de materiais e mão de obra ou classificadas por profissões e sem qualquer indicação de quantidade, qualidade dos materiais e mão de obra. Como documento interno, é normalmente satisfatório, uma vez que o responsável ou o trabalhador da manutenção está familiarizado com esta forma de apresentação e pode analisar o documento de forma adequada para efeitos de estimativa, cálculo de custos, encomendas e instruções de trabalho. Se este tipo de especificação for utilizado como base para a obtenção de uma estimativa de um contratante externo de manutenção, poderá dar origem a ambiguidades e mal-entendidos tanto do conteúdo como da intenção das descrições. Este facto, por sua vez, poderá conduzir a uma estimativa irrealista e, em última análise, a pedidos de indemnização suplementares aos contratantes. Se for necessário obter estimativas de vários empreiteiros, as limitações deste tipo de especificações podem resultar em grandes variações nas estimativas de custos. Por conseguinte, sugere-se que as especificações sejam preparadas por uma pessoa que possua os conhecimentos técnicos e a experiência necessários para estabelecer os requisitos em termos claros e inequívocos, a bem da qualidade. As especificações começam com cláusulas que abrangem:

Preliminares relativas às condições.
Tipo e qualidade dos materiais.
Acabamento e metodologias.

Cláusulas gerais sobre o âmbito e os requisitos Preliminares: Estas cláusulas incluem informações sobre o local das obras a executar, quaisquer desenhos a utilizar em conjunto com o caderno de encargos, condições gerais do contrato e responsabilidades em matéria de seguros, proteção das obras existentes, painéis de sinalização e instalações de armazenamento geral.

Materiais: Cláusulas que dão uma descrição geral dos materiais a utilizar, indicando a qualidade normalizada exigida por referência a um determinado código ou certificado de acordo. Para evitar repetições desnecessárias, os materiais e componentes a utilizar em várias actividades podem ser descritos na íntegra neste ponto, em vez de se repetir a descrição sempre que os elementos aparecem na especificação.

Acabamento:

Os requisitos de execução devem ser precisos, estabelecendo em pormenor a forma como o trabalho deve ser executado em termos de qualidade e método. Devem também ser indicadas as tolerâncias ou restrições relativas a factores como as condições meteorológicas adversas e a utilização de métodos alternativos. Deve também ser incluída uma referência ao código de práticas normalizado relevante, de modo a clarificar as normas mínimas aceitáveis.

Cláusulas gerais: No caso de obras novas, o caderno de encargos é elaborado pela mesma ordem e agrupamento que para a elaboração de um mapa de quantidades. No entanto, o caderno de encargos para trabalhos de manutenção pequenos ou isolados é muitas vezes redigido de modo a abranger uma área de atividade, a fim de permitir ao empreiteiro ver a extensão do trabalho à primeira vista e estimar o custo. As especificações para trabalhos de manutenção e adaptação são redigidas de modo a abranger as condições, circunstâncias e requisitos exactos do trabalho em causa. As especificações para os novos trabalhos e obras podem ser desenvolvidas através da extração de cláusulas típicas da literatura do fabricante, livros de texto e fontes semelhantes. Os principais objectivos de uma especificação consistem em clarificar e pormenorizar a execução do trabalho, de modo a que todas as pessoas, desde o investigador até ao operador no local, compreendam os requisitos e a forma de os cumprir. Os gestores e engenheiros de manutenção devem praticar a redação de especificações para as tarefas de manutenção, com vista a uma execução satisfatória.

As especificações são considerações muito importantes para uma estimativa exacta dos custos, para a obtenção da qualidade do trabalho de manutenção e para as relações adequadas entre os utilizadores do edifício, o pessoal de manutenção e os empreiteiros, caso existam. Assim, as especificações têm de ser preparadas com precisão e tendo em conta as realidades do terreno, incorporando vários componentes, nomeadamente preliminares, materiais, mão de obra e cláusulas gerais.

Requisitos de saúde e segurança na manutenção

Existem muitas legislações (Actos do Parlamento) que estabelecem as obrigações legais dos gestores no que se refere às suas responsabilidades em matéria de saúde e segurança da sua força de trabalho e dos locais de trabalho. Estes aspectos são abrangidos pela lei de habilitação intitulada "The Health and Safety at Work" - Act 1974. Aplica-se a todas as pessoas que trabalham, incluindo empregadores, trabalhadores por conta de outrem e trabalhadores independentes, com exceção dos empregados domésticos em casas particulares.

Esta lei também garante que a legislação em matéria de saúde e segurança protege não só as pessoas que trabalham, mas também o público em geral que pode ser afetado por qualquer trabalho ou atividade de manutenção.

Esta lei diz respeito à saúde e à segurança e estabelece os deveres da entidade patronal, que são os seguintes

Fornecer e manter as instalações em condições de segurança sem qualquer risco para a saúde;

Providenciar o manuseamento, o armazenamento e o transporte seguros das mercadorias e, na medida do possível, tornar seguro qualquer local de trabalho e manter o seu estado de segurança sem riscos para a saúde;

Assegurar que os meios de acesso e de saída de um local de trabalho são mantidos em condições de segurança sem riscos para a saúde;

Proporcionar e manter um ambiente de trabalho seguro e saudável,

Dar instrução, formação e supervisão às pessoas de modo a salvaguardar a sua saúde e segurança.

Estabelecer normas de manutenção para salvaguardar o bem-estar de todos os trabalhadores. Esta lei/legislação exige que todas as entidades patronais preparem e revejam uma declaração política escrita relativa à saúde e segurança dos trabalhadores e à sua organização no local de trabalho. A declaração de política deve também incluir disposições para garantir a segurança no âmbito da aplicação da política declarada. Estas declarações de política podem incluir a manutenção e o fornecimento de:

Manutenção das instalações, do equipamento e da segurança nas obras; disposições seguras para a utilização, manuseamento, armazenamento e transporte de artigos, materiais e substâncias; informação, instrução, formação e supervisão para permitir que todos os trabalhadores contribuam positivamente para a sua própria segurança e saúde no trabalho e para a dos outros, a fim de evitar riscos;

Fornecimento e manutenção de equipamento de segurança, sistema de aviso de segurança, combate a incêndios e vestuário de proteção e garantia de que todos os trabalhadores são informados das suas obrigações em matéria de cuidados e utilização;

Um local de trabalho seguro e saudável e acesso e saída seguros para os trabalhadores e o público;

Instalações sociais adequadas, tais como cantina, refrigeradores de água, locais de recreio, etc.

As declarações políticas escritas de qualquer organização também incluem os objectivos políticos:

i. Segurança da organização;
ii. Responsabilidades dos trabalhadores;
iii. Procedimentos de funcionamento seguro de equipamentos, instalações e ferramentas;
iv. Procedimentos de tratamento de acidentes;
v. Procedimentos de combate a incêndios;
vi. Inspeção e controlo;
vii. Formação em matéria de segurança,
viii. Meios de comunicação.

CAPÍTULO 3

PROBLEMAS DE MANUTENÇÃO E CAUSAS PROFUNDAS

Introdução

A extensão dos defeitos e das falhas nos edifícios é um critério para avaliar o desempenho dos edifícios e das práticas de construção. Há uma linha divisória muito ténue entre defeitos e falhas. Os defeitos representam a falta de um serviço funcional adequado. Os defeitos, no que respeita aos edifícios, podem ser designados como tudo o que prejudica o desempenho funcional dos edifícios. Por outro lado, a falha é definida como um comportamento que não está de acordo com as condições esperadas de segurança estrutural e de estabilidade ou que não está de acordo com a utilização e a ocupação desejadas da estrutura do edifício concluído.

É um facto bem conhecido que a maioria das causas dos defeitos de construção são evitáveis. Estes defeitos não ocorrem devido à falta de conhecimentos, mas sim devido à negligência e à não aplicação dos conhecimentos corretos durante a construção e a manutenção.

As causas dos defeitos de construção incluem a utilização de materiais ou práticas de construção incorrectas. Muito tem sido publicado sobre os defeitos de construção, as suas causas e curas, mas infelizmente a informação encontra-se dispersa por uma vasta gama de artigos de investigação, publicações comerciais e livros. No entanto, esta literatura não tem sido facilmente acessível a estudantes e profissionais de engenharia civil a vários níveis. Mesmo os engenheiros em exercício não têm tido acesso a esta informação devido à cultura de formação no local de trabalho. A maior parte da literatura publicada para trabalhos de correção parte frequentemente do princípio de que as causas da falha e dos defeitos já são conhecidas, mas não é assim na maioria dos casos. Se for efectuado um diagnóstico errado sem analisar as causas principais, o tratamento pode não ser bem sucedido, levando ao desperdício de fundos, materiais, mão de obra e tempo.

É bem conhecido o ditado que diz que mais vale prevenir do que remediar. Os projectistas e construtores podem reduzir a frequência de ocorrência e a extensão dos defeitos utilizando práticas corretas. Os defeitos podem ainda ser evitados ou minimizados se os engenheiros de campo forem cuidadosos na implementação do projeto e adoptarem práticas de construção corretas.

Os defeitos podem ser classificados com base em duas abordagens: desempenho elementar e caraterístico.

1. Abordagem elementar
- Componentes
- Materiais
2. Desempenho caraterístico Abordagem
- Estruturais
- Higrotérmico
- Conforto e desempenho ambiental

Os defeitos elementares representam um problema específico num determinado componente do edifício ou de qualquer material de construção. Os aspectos da tecnologia estrutural incluem as práticas de conceção e construção dos edifícios. Os defeitos nesta área são causados por deficiências nos componentes estruturais, nos seus materiais e pelo efeito do ambiente externo. A falta de supervisão dos componentes durante a construção também contribui para estes defeitos. A deficiência higrotérmica do edifício inclui tanto a falta de impermeabilização como o comportamento térmico adequado do edifício. Hoje em dia, os utilizadores dos edifícios dão mais importância ao conforto. Os edifícios que têm um mau desempenho nas funções estruturais e higrotérmicas não são confortáveis. Estes edifícios são considerados defeituosos.

Estes defeitos tornam-se graves quando consideramos o conforto e o desempenho ambiental. No desempenho total do edifício, o papel dos aspectos de saúde e segurança deve ser considerado. O desempenho ambiental também está relacionado com os serviços prestados pelo edifício. Também pode haver uma grande variedade de deficiências nestes serviços.

Evitar completamente os defeitos é quase impossível, mas só pode ser minimizado. Uma compilação de relatórios de vários defeitos, juntamente com as suas causas, constitui uma valiosa fonte de informação para a reparação e manutenção de estruturas de edifícios actuais. As principais causas de defeitos em estruturas de edifícios são:

- Falta de cuidado na conceção, por exemplo, escolha de materiais errados e fornecimento inadequado de secções e pormenores.
- Falta de boas práticas de construção, por exemplo, não cumprimento de especificações de construção normalizadas, má execução, inspecções e supervisão inadequadas.
- Falta de práticas de manutenção adequadas.

Uma vez conhecidos os factores que contribuem para os defeitos, é também necessário investigar e identificar as causas profundas. A análise de defeitos em edifícios requer um conhecimento sólido e alargado dos materiais de construção e das práticas de construção. Este conhecimento pode ser obtido a partir de uma combinação de livros didácticos, publicações de investigação, literatura comercial mais recente e experiências no terreno.

Categorias e classificações de defeitos

Foram identificados vários defeitos encontrados nos edifícios, bem como as suas causas prováveis. Estes defeitos foram classificados de acordo com a abordagem elementar. forma para facilitar a compreensão e melhor assimilação para reparação nos seguintes grupos:

- Fundações, caves e camadas de proteção contra a humidade (DPC)
- Paredes
- Acabamentos de parede
- Chaminé e poços
- Colunas e vigas
- Telhado e terraços no telhado

- Pavimentos e acabamentos de pavimentos
- Trabalhos de carpintaria
- Acabamentos decorativos e protectores
- Serviços
- Materiais
- Humidade em vários elementos de construção

Estes defeitos são relevantes e comuns para identificação em edifícios antigos para manutenção e reparação. Os defeitos de construção devem ser diagnosticados antes de se sugerirem medidas corretivas eficazes. A análise dos defeitos apresentada neste capítulo facilitará a orientação dos engenheiros para a adoção de medidas corretivas adequadas para que os edifícios tenham um desempenho satisfatório. Os defeitos e as causas listados em diferentes elementos de construção são generalizados e podem não existir independentemente. Para um determinado defeito, pode haver uma ou mais causas. Uma vez que os defeitos e as causas são generalizados, as diferentes tabelas indicam apenas as causas prováveis. O engenheiro de manutenção deve analisar os defeitos de forma crítica através de observações e testes locais pormenorizados.

A maioria dos defeitos nos edifícios é causada pela falta de supervisão adequada durante a construção e, mais tarde, durante a ocupação.

Defeitos e causas

A maioria dos defeitos é causada pela humidade. A humidade é um dos defeitos mais difíceis de detetar e diagnosticar. Existem inúmeras formas de a água estar presente num componente de um edifício, várias destas causas podem ocorrer ao mesmo tempo e até serem responsáveis pela mesma mancha de humidade. A identificação de uma fonte não deve ser considerada suficiente para interromper a investigação de outras fontes de água. Em muitos casos em que a análise pormenorizada foi negligenciada, a reparação da mancha de humidade reapareceu rapidamente, mesmo após os trabalhos de reparação.

A maioria dos edifícios é montada a partir de diferentes componentes compostos por uma variedade de materiais. Muitos destes materiais são absorventes de água. As principais causas de defeitos nos elementos de construção estão relacionadas com:

- Água ou humidade
- Movimento físico devido a forças.
- Efeito dos factores ambientais

Água: As diferentes fontes de água nos elementos de construção que causam problemas de humidade podem ser atribuídas a

- Água de construção
- Água intrusa
- Condensação
- Profissional

(a) . Água de construção: É utilizada uma quantidade considerável de água na construção de um edifício. Parte desta água é consumida na fixação dos materiais, como o cimento Portland e os rebocos de gesso. Parte da água é seca por evaporação na altura em que o edifício é ocupado, enquanto muita água permanece na estrutura. As áreas adjacentes a massas relativamente grandes de materiais de construção húmidos, como o betão, podem ser susceptíveis à absorção de humidade, particularmente na parte inferior dos pavimentos de betão. A água de construção pode também acumular-se sob acabamentos impermeáveis, como a pintura.

(b) . Entrada de água: A água entra em muitos edifícios como resultado da precipitação, quer diretamente através de defeitos no telhado e nas paredes, quer indiretamente por absorção. Pode então ser transferida a alguma distância através de fissuras e vazios na estrutura, ou ao longo de secções ocas. Deve ser sempre feita uma investigação para localizar esses caminhos, porque a humidade pode ocorrer em pontos afastados da fonte de água.

A estanquidade das juntas é um fator essencial para evitar a penetração da chuva. A chuva, ao cair por gravidade, pode ser soprada pelo vento em todas as direcções contra um edifício, o que é particularmente verdade no caso de grandes edifícios altos em zonas de elevada pluviosidade. A chuva de arrasto encontra facilmente uma entrada através das fraquezas de qualquer elemento, embora possa ser difícil para o investigador localizar esses pontos de entrada.

A humidade pode entrar num edifício a partir do solo se as camadas e membranas de impermeabilização forem inadequadas e mal construídas. Há uma série de defeitos no DPC que conduzem a defeitos graves na carpintaria e nas paredes. Estes defeitos indicam o primeiro sintoma de que a água entrou no edifício.

(c) . Condensação: O vapor de água está normalmente presente no ar atmosférico em quantidades variáveis. Parte do vapor de água converte-se em água líquida quando o ar entra em contacto com superfícies relativamente frias. Essa água condensada pode aparecer em qualquer uma das superfícies internas de um edifício como condensação intersticial. Esta forma de condensação pode ser muito problemática, em parte devido à dificuldade de localização e reconhecimento, em parte devido ao seu efeito adverso no isolamento. Pode também dar origem a outros defeitos que causam danos nos materiais de construção.

A quantidade de água que se condensa em alguns edifícios é muito considerável, levando a um estado de humidade quase permanente. Isto proporciona condições favoráveis ao desenvolvimento de bolores. Alguns dos materiais têm a propriedade de absorver a humidade do ar.

Esta absorção resulta na transferência de cloretos presentes na fuligem especialmente depositada numa gripe.

(d) . Ocupacional: Para além dos três tipos de água acima referidos, o vapor de água produzido pelos ocupantes também agrava o problema da condensação (um adulto produz meio litro de água em 9 horas simplesmente por respirar). A água também pode estar presente num edifício devido a fugas em canos, tanques e cisternas. A utilização de quantidades excessivas de água de limpeza também pode contribuir, especialmente quando se infiltra por baixo dos revestimentos do chão. O derrame pode também estar contaminado com produtos químicos que são prejudiciais para os materiais de construção.

Movimento: Os danos são causados nas estruturas dos edifícios devido ao movimento da humidade que ocorre devido aos seguintes factores:

- Forças aplicadas externamente (por exemplo, vento, cargas mortas e vivas)
- Vibrações (por exemplo, terramoto, máquinas)
- Alterações de temperatura (por exemplo, expansão, contração)
- Alterações físicas e de humidade (por exemplo, retração, fluência, inchaço)

Os movimentos dos elementos de construção podem ocorrer devido a qualquer um dos factores acima referidos ou à combinação dos mesmos. A gravidade dos danos depende da natureza e da intensidade dos factores e da resistência dos elementos de construção.

Factores ambientais: Os factores ambientais que afectam os componentes e materiais de construção incluem:

- Radiação solar
- Temperatura
- Humidade
- Agências biológicas
- Poluição atmosférica (sólida, líquida ou gasosa)

- Sais moídos.

Os efeitos destes factores causarão deterioração e danos, dependendo da gravidade e da combinação dos mesmos.

INVESTIGAÇÃO DA HUMIDADE

Há muitos pontos que devem ser considerados quando se investiga a humidade. Estes pontos incluem a qualidade da construção, as condições de exposição, as caraterísticas de proteção da fachada do edifício, a localização interna da humidade e a correlação da humidade com a precipitação. É sempre útil examinar o edifício enquanto a chuva está a cair, mas é preciso ter em conta que a água pode não ser visível internamente durante algumas horas após o início da chuva.

Pode dizer-se que a maior parte dos edifícios sofre de humidade e dos defeitos que lhe estão associados. Pode dizer-se que a cura da humidade é metade da batalha ganha na manutenção. Os defeitos de humidade e as suas causas profundas são enumerados separadamente, de modo a dar maior ênfase aos problemas de humidade mais comuns nos edifícios.

CAVES DE FUNDAÇÃO E CAMADAS DE IMPERMEABILIZAÇÃO

Fundações: Elementos e Defeitos e suas causas

1. Assentamento excessivo ou assentamento diferencial

Causas

- Sobrecarga do solo devido a:
- Largura ou profundidade inadequada necessária para a capacidade de suporte do subsolo, provocando uma carga superior à projectada e resultando no afundamento da fundação.
- Alterações estruturais, como a utilização de um edifício para um fim diferente e a formação de grandes aberturas em supostas paredes, causando a concentração de cargas nas fundações adjacentes.
- Construção de um piso adicional sem reforço das fundações existentes.

2. Fissuras e fracturas nas fundações.

Causas;

- Capacidade de suporte inadequada
- Variações locais do solo sob as fundações
- Actividades de construção adjacentes
- Fenómeno de sobrecarga e de areia rápida
- Assentamento diferencial na fundação
- Retração dos subsolos argilosos devido a:
- Retirada de águas subterrâneas devido a seca prolongada
- Cultivar árvores nas proximidades
- Drenagem do sítio
- Abertura de túneis
- Assentamento prolongado de turfa ou de solo reconstituído, se presente sob as fundações
- Deslizamento descendente de solos argilosos, se presentes
- Fundação dos vãos de ampliação, paredes de tela assentes em fundações menos profundas do que as dos edifícios principais.
- Carregamento dinâmico em fundações devido a terramotos.
- Vibrações provenientes de: tráfego pesado, maquinaria, operações de empilhamento e operações de perfuração de túneis, etc.
- Congelamento da água nas camadas superiores.
- Não instalação de juntas de dilatação abaixo do nível do DPC
- Crescimento vegetativo e impulso exercido pelas raízes das árvores.

3. Desintegração da fundação

Causas;

- Reação química, como o ataque de sulfatos ao betão de cimento
- Congelação e descongelação
- Pressão lateral excessiva devido ao efeito combinado do empuxo de terra ativo e da pressão da água do exterior.
- Aumento da pressão nas paredes da cave devido a:

- Entupimento de esgotos
- Chuva excessiva
- Conceção inadequada
- Pressão do solo submerso
- Qualidade de drenagem do subsolo

4. Fissuras nas lajes de jangada

Causas:

- Conceção inadequada
- Juntas de construção não tratadas
- Não instalação de juntas de dilatação

5. Fissuras verticais nas paredes das jangadas

Causas:

- Retração de secagem
- Tensões térmicas excessivas devido a variações de temperatura

6. Fissuras verticais ou inclinadas na parede

Causa:

- Assentamento diferencial de fundações.

7. Fissuras horizontais e diagonais na parede

Causa:

- Pressão lateral e força de cisalhamento excessiva.

8. Eflorescência

Causa:

- Materiais de má qualidade e humidade contínua ou humedecimento e secagem alternativos.

9. Curso de impermeabilização: Humidade ascendente

Causas:

- Materiais de má qualidade no DPC
- Más práticas de construção
- Não colocação de membrana anti-humidade
- Falha dos sistemas de impermeabilização
- DPC não suficientemente largo para cobrir toda a largura da parede
- Danos causados na DPC durante o fornecimento de tubos de serviço, etc.
- Ponte de DPC devido a:
- Nível de rodapé inadequado, ou seja, a menos de 15 cm do DPC.
- Revestimento exterior contínuo sobre a fundação e o DPC
- Nível inadequado do pavimento (nível do pavimento acima do DPC)
- Dejectos e ligações inadequadas nas paredes das cavidades
- Não instalação de DPC vertical em pisos de dois andares.

10. Fissuras

Causas

- Carga excessiva
- Carga diferencial

- Retração
- Danos físicos por impacto
- Construção incorrecta e juntas de dilatação
- Conceção incorrecta do DPC.

11. Caves: Abaulamento das paredes para o interior

Causas:

- Pressão lateral excessiva devido ao efeito combinado do empuxo de terra ativo e da pressão da água do exterior.
- Aumento da pressão nas paredes da cave devido a
- Entupimento de esgotos.
- Chuva excessiva
- Conceção inadequada
- Pressão do solo submerso
- Qualidade de drenagem do subsolo.

PAREDES: Elementos e defeitos e suas causas

Paredes de suporte de carga

1. Fissuras diagonais ao longo de juntas horizontais e verticais em alvenaria

Causas:

- Assentamento diferencial da fundação
- Vegetação nas paredes
- Solo solto sob as fundações

2. Fissuras horizontais e verticais

Causas

- Movimento térmico devido à emissão de juntas de dilatação em paredes longas
- Fundação assente em argila retrátil
- Movimento de humidade devido à expansão de tijolos recentemente utilizados em alvenaria
- Ataque de sulfatos em argamassas de juntas
- Corrosão dos tirantes metálicos se utilizados em alvenaria de parede para reforço.

3. Divisão

Causa:

- Movimento horizontal excessivo devido a terramoto, explosão.

4. Abaulamento das paredes para o exterior:

Causas

- Deslocação da parede por uma ou mais das seguintes razões:
- Elevado rácio de esbelteza, ou seja, espessura da parede insuficiente em relação à altura
- Apoio lateral inadequado, ou seja, paredes transversais ou pavimentos não incorporados nas paredes para conter o movimento.
- Sobrecarga da estrutura
- Vibrações provocadas por tráfego intenso ou máquinas.

5. Movimento da parede ao nível do DPC

Causa:
- Expansão irreversível devido à absorção de humidade em tijolos de barro novos e à falta de chave/ligação mecânica no DPC.
6. Alargamento (deslocação para o exterior da parede no topo)
Causa:
- Alargamento da base da viga ou dos pés da viga/da argola, exercendo um impulso horizontal sobre as paredes de suporte devido à inexistência de gesso portante/papel kraft.
7. Eflorescência
Causas:
- Presença de sais solúveis no material de construção
- Humedecer e secar alternadamente.
8. Paredes não estruturais - painéis de enchimento com fissuras na cabeça e nos lados
Causas:
- Retração por secagem em blocos/painéis de betão leve.
- Apoio inadequado na base
- Deflexão das juntas do piso superior
- Nova parte construída no piso antigo
- Movimento diferencial entre a divisória e a estrutura de suporte de carga circundante.
9. Painéis de tijolo para o exterior Arqueamento
Causa:
- Movimento diferencial entre a estrutura de betão e os painéis de tijolo.
10. Painéis de betão
Causa:
- Saliências inadequadas para manter a água da chuva afastada da superfície.
11. Envelhecimento irregular e riscos de sujidade
Causa:
- Acabamento irregular da superfície
12. Manchas de ferrugem
Causa:
- Revestimento inadequado da armadura ou betão poroso de má qualidade.
13. Desintegração da superfície
Causas:
- Ataque de sulfatos
- Intemperismo
- Danos físicos
- Ferrugem da barra interior se for reforçada.
14. Painéis de vidro
Causa:
- Falha do material de fixação, nomeadamente massa, vedante, clipes
15. Fissuras e reparação de defeitos

Causas:

- Calamidade natural
- Fixação e alinhamento incorrectos
- Arestas inadequadas e cantos não rectangulares
- Impacto físico
- Forma não coincidente do vidro e da moldura.

16. Fissuras nos parapeitos

Causas

- Penetração da humidade
- Ataque de sulfatos
- Deflexão e inclinação devido à força do vento/terramoto
- Ferrugem das armaduras

17. Sobre a vela do parapeito com ou sem fissuras Causas

- Movimento global devido a
- Expansão dos tijolos devido à humidade
- Ataque de geada dos tijolos/morteiros
- Ataque de sulfato de argamassa
- Movimento térmico do teto
- Ferrugem das armaduras, se for o caso
- Forma incorrecta durante a construção

18. Desmoronamento de muros de contenção

Causas:

- Estabilidade lateral não considerada na conceção para o vento.
- Fundação inadequada
- Má aderência da argamassa
- Relação altura/espessura elevada.
- Calamidade natural: inundações, terramotos.
- Limpeza do solo da fundação.

19. Desintegração da alvenaria

Causas:

- Tijolos e argamassas inadequados às condições de exposição.
- Ataque de sulfatos
- Humidade ascendente

20. Inclinação da parede

Causas:

- Fundações e apoios laterais inadequados
- Lavagem do solo de fundação
- Inchaço irregular do solo da fundação.
- Assentamento diferencial da fundação.

21. Fendas:

Causas

- Movimento de humidade nas paredes.

- Crescimento de vegetação nos alicerces ou paredes.

22. Separação do coping

Causas

- Expansão de trabalhos em metal devido à corrosão no levantamento do CCR da cobertura da camada superior e da vedação de ferro.
- Penetração de humidade.

ACABAMENTOS DE PAREDES: Elementos e defeitos e suas causas

A. Gesso

1. Crazing da superfície

Causas:

- Retração de secagem
- Retração do betão leve do substrato.

2. Fissuras grandes

Causas:

- Movimento diferencial de elementos estruturais
- Fissuração do substrato devido ao assentamento das fundações
- Vibrações externas e impacto físico.

3. Fissuras contínuas no reboco na junção das paredes

Causas:

- Não colocação de ranhura no reboco
- Rotação da junção e deflexão da laje/viga de cobertura e da viga-parede.
- Movimento diferencial de elementos estruturais.

4. Descamação da camada de acabamento

Causas:

- Encolhimento excessivo da camada final.
- Atraso na demão final.

5. Insalubridade e desvinculação

Causas:

- Os materiais de reboco não são suficientemente fortes para resistir ao movimento do substrato
- Absorção excessiva de água do reboco por um suporte poroso.
- Chave inadequada para o substrato devido a superfícies lisas.
- Movimento térmico diferencial do reboco e do substrato.
- Impurezas na argamassa
- Diferenças de temperatura entre o substrato e os acabamentos.

6. Pó de gesso

Causas

- Colocação e endurecimento incorreto do reboco.
- Cura inadequada.

7. Abaulamento do reboco do teto

Causas:

- Deformação/vibração excessiva no substrato.

- Descolagem devido à penetração de humidade na interface do substrato.

8. Eflorescência

Causas:

- Humedecer e secar alternadamente.
- Presença de sais solúveis na mistura de gesso.

B. Apontar

1. Oco e erosão da argamassa

Causas:

- Juntas incorrectas durante a construção.
- Mau acabamento
- Cura inadequada
- Juntas não preenchidas com argamassa
- Mistura de argamassa fraca/pobre
- Clima severo - tempestades de vento, inundações
- Descolagem da ponta anterior do substrato.
- Congelamento e descongelamento durante a construção.
- Envelhecimento a longo prazo da argamassa.

C. Renderização

1. Descolagem e fissuras no reboco

Causas

- Ligação inadequada à face da parede
- Argamassa fraca/pobre
- Movimento diferencial do substrato.
- Transferência de fissuras do substrato.
- Retração da argamassa de reboco.
- Contaminação que resulta num elevado encolhimento.

2. Fissuras horizontais e verticais no reboco

Causas:

- Ataque de sulfatos na argamassa da junta.
- Expansão da argamassa nas juntas

3. Eflorescência

Causas:

- Ataque de sulfatos.
- Reação de agregados alcalinos em material de fundo.

D. Revestimento

1. Deslocação e fissuração do revestimento

Causas:

- Movimento diferencial do substrato.
- Encurtamento de vigas e pilares individuais de uma estrutura RC devido a retração, fluência e carga.
- Perda de aderência devido à flexão da estrutura de base.

CHAMINÉ E POÇOS:

Elementos e Defeitos e suas causas

A. Chaminés

1. Fissuras, fendas e dobras

Causa:

- A condensação do vapor de água nos gases de combustão resulta na migração da água para as paredes da chaminé, provocando a expansão da argamassa.

2. Penetração da humidade

Causas:

- As pilhas expostas não são resistentes às intempéries
- Condutas abertas para o teto/abertura de condutas não coberta
- DPC na chaminé ausente ou incorretamente colocado.
- O rufo do telhado está incorretamente pormenorizado.

3. Coloração do teto da chaminé

Causas:

- As chaminés não são ventiladas e a condensação de água voou para a alvenaria.
- A ventilação do quarto é inadequada.
- Diferencial de temperatura elevado entre o interior e o exterior.
- A alvenaria e o revestimento da chaminé não estão corretamente unidos.
- Terminal de combustão inadequado

B. Eixos de serviço

1. Em condições sanitárias

Causas:

- Defeito de conceção - falta de drenagem.
- Utilização abusiva do acesso
- Falta de acesso adequado
- Criação de aves e insectos
- Fator humano - lançamento de lixo.
- Em estado de saneamento e de humidade.

COLUNAS E VIGAS:

Elementos e Defeitos e suas causas

A. Colunas

1. Fendas

Causas

- Retração
- Temperatura diferencial
- Corrosão
- Carga excessiva
- Carga excêntrica

2. Fragmentação

Causas

- Corrosão-Carbonatação ou ataque por cloretos.
- Danos físicos.

3. Encurvadura

Causas

- Conceção inadequada
- Rácio de esbelteza excessivo
- Flexão excessiva/carga excêntrica
- Rotações das articulações.

4. Esmagamento de colunas

Causas:

- Carga excessiva para além da resistência à compressão do betão.

5. Juntas de elevação defeituosas e falhas nas juntas

Causas:

- Mau acabamento
- Conceção inadequada
- Reação excessiva da viga/força de corte.
- Falha do rolamento
- Impacto físico lateral.

B. Vigas

1. Fendas

Causas:

- Retração
- Conceção inadequada.

2. Deformação excessiva, abaulamento lateral

Causas:

- Corrosão das armaduras
- Superfície de apoio inadequada
- Falha de projeto ou de construção.
- Relação excessiva entre o vão e a profundidade efectiva.
- Carga excessiva
- Padrão de carga e posições de carga
- Defeito de fabrico
- Carga lateral excessiva não contabilizada no projeto.
- Trabalho de forma deficiente.
- Vibrações excessivas.

3. Esmagamento por fragmentação da chumaceira

Causa:

- Movimentos térmicos

TELHADOS E TERRAÇOS DE COBERTURA: Elementos e Defeitos e suas causas

A. Telhado plano

1. Rachaduras

Causas:

- Retração do betão
- Condições adversas de fim/apoio.

- Colocação incorrecta da armadura
- Conceção inadequada
- Conceção incorrecta da mistura
- Compactação e cura inadequadas.
- Atraso na realização do curso de proteção contra as intempéries.

2. Fragmentação

Causas:

- Congelação e descongelação
- Corrosão das armaduras
- Ataque de sulfatos

3. Deflexão

Causas:

- Sobrecarga
- Conceção incorrecta - elevado rácio vão/profundidade
- Práticas de construção inadequadas, ou seja, cofragem deficiente ou cobertura excessiva.

4. Esmagamento da chumaceira

Causas:

- Área de apoio inadequada
- Reforço inadequado na chumaceira
- Rolamento simplesmente apoiado contra condições de apoio contínuo.

5. Falha de cisalhamento

Causa:

- Pormenores de projeto inadequados para a força de rutura.

6. Levantamento de cantos

Causas:

- Conceção inadequada
- Secagem inicial dura
- Flexão e deformação excessivas
- Inclinação e drenagem inadequadas
- Conceção inadequada da conduta de águas pluviais.
- Bloqueio do sistema de drenagem.

B. Telhado inclinado

1. Flacidez/e deformação

Causas:

- Conceção inadequada da estrutura e das suas articulações.
- Deterioração da resistência dos elementos estruturais.
- Falha e flexão excessiva das madres.
- Sobrecarga.
- Carga do telhado que provoca a propagação das paredes exteriores
- Movimento horizontal nos pés das vigas.
- As placas de suporte de parede não estão corretamente fixadas à parede

- Remoção das madres de suporte e das escoras internas.

2. Flacidez das madres e das vigas

Causas:

- Membros de tamanho inferior.
- Sobrecarga e cargas pontuais no telhado.

3. Escorregamento de telhas e ardósias

Causas

- Falha de fixação
- Afrouxamento da fixação devido à ação do gelo.
- Danos e corrosão dos caixilhos e dos dispositivos de fixação.
- Ataque de poluição às ardósias.
- Declives demasiado acentuados

4. Falhas nas articulações

Causa:

- Falhas de soldadura, rebitagem, pregagem, parafusos, etc., devido a uma conceção inadequada e a um mau acabamento.

5. Crescimento de bolor, corrosão e podridão nos espaços do telhado

Causas:

- Disposições inadequadas em matéria de ventilação
- Fugas e humidade
- Passagem de vapor de água e gases para o espaço do telhado a partir do interior.
- Condensação no espaço do telhado.

C. Reboco de teto

1. Fendas

Causas

- Retração
- Deflexão dos painéis de substrato estrutural.
- Impacto físico

2. Perda de aderência

Causas:

- Subpêlo fraco
- Substrato demasiado liso da laje de cobertura.
- Ausência de chave mecânica.

D. Sistemas cimentícios de impermeabilização

1. Ligação incorrecta

Causas:

- Preparação deficiente da superfície
- Primário e material de colagem inadequados.

2. Fissuras

Causas:

- Transmissão de fissuras no substrato.
- Fraca capacidade de ligação de fissuras.

- Deformações e tensões excessivas no substrato

3. Deterioração

Causa:

- Efeito dos raios ultra-violeta

E. Membranas líquidas

1. Bolhas

Causas:

- Aprisionamento de ar e/ou humidade
- Fraca capacidade respiratória
- Substrato húmido

2. Deterioração

Causa:

- Envelhecimento/efeito dos raios UV.

F. Membranas produzidas em fábrica

1. Dobragem e estriamento

Causas:

- Disposição incorrecta
- Utilização incorrecta do material de colagem (adesivo)
- Armazenamento incorreto das membranas

2. Fragilização da membrana

Causas:

- Radiação ultra-violeta
- Oxidação atmosférica do betume
- Movimento diferencial excessivo entre a membrana e o substrato.

3. Bolhas

Causa:

- Expansão do ar ou da humidade aprisionados pelo calor solar.

4. Perda de aderência

Causas:

- Aplicação incorrecta (durante um dia frio/molhado ou ventoso)
- Substrato húmido.

G. Telhados de polímero

1. Fugas

Causas:

- Juntas coladas inadequadas
- Perfuração da folha de polímero

2. Divisão

Causa:

- Danos mecânicos por queda de pedras, pregos e ferramentas sobre polímeros.

H. Ferro-cimento

I. Fissuras

Causas:

- Retração (argamassa de cimento rico)
- Corrosão devido a uma cobertura incorrecta
- Cura inadequada
- Não disponibilização de um agente de ligação

J. Juntas de dia

Causa:

- Superfície deficiente

K. Descolagem

Causa:

- Ligação inadequada.

I. Brick bat coba

1. Fendas

Causas:

- Pormenorização incorrecta das juntas de construção/dia.
- Retração da argamassa.
- Cura inadequada.

2. Fissuras na periferia

Causa:

- Não disponibilização de filete/gola.

J. Terraços de cal

1. Fendas

Causas:

- Não existência de uma via de acesso ou de uma baliza nos cruzamentos.
- Maturação inadequada da cal Dhar.
- Fornecimento inadequado de materiais suplementares como pó de feno-grego, água guru e fibras na superfície do terraço.

2. Bolhas

Causa:

- Deslizamento inadequado da cal.

K. Fase de lama

1. Abertura de juntas de ladrilhos de superfície

Causas:

- Encolhimento e movimentos térmicos
- Abrasão
- Actividades humanas

2. Lagoas

Causas:

- Inclinação de drenagem incorrecta da superfície da telha.
- Amadurecimento e compactação inadequados da lama.
- Utilização inadequada de materiais suplementares como fibras naturais e petróleo bruto na argamassa de lama de base.

3. Levantamento de azulejos

Causas:

- Entrada de água por baixo dos ladrilhos.
- Descolagem dos ladrilhos com argamassa de barro de base.
- Evaporação da humidade bloqueada.
- As juntas dos ladrilhos não foram seladas com argamassa adequada.

4. Deterioração dos azulejos

Causa:

- Ação química devida à poluição ambiental

PAVIMENTO EM IPS/MOSAICO/PEDRA:

Elementos e Defeitos e suas causas

1. Fissuras e abertura de juntas

Causas:

- Movimento térmico (dilatação/contração)
- Retração
- Impacto mecânico
- Má compactação da argamassa de base
- Actividades humanas.

2. Quebra de separadores de pavimentos

Causa:

- Umedecimento e secagem alternados

A. Laje sobre o solo

1. Fissuras salientes

Causas:

- Inchaço dos solos
- Especificação incorrecta da mistura
- Espessura de velocidade inadequada.
- Deformação da base e da sub-base
- Cura inadequada
- Laje submetida a uma secagem inicial rigorosa.
- Não existência de juntas de contração e de isolamento.
- Painéis de chão de grandes dimensões.

2. Afundamento do pavimento/colapso

Causas:

- Falha de conceção
- Compactação incorrecta da base.
- Assentamento do subsolo.

3. Levantar/enrolar

Causas:

- Ataque de sulfatos
- Pavimento colocado em compartimentos demasiado grandes
- Mau acabamento
- Betão da sub-base magra defeituoso/deteriorado.

- Má ligação com a base.

4. Humedecimento do pavimento

Causas:

- Fugas em condutas enterradas.
- Utilização de uma mistura incorrecta.
- Cura inadequada.

B. Pisos superiores

1. Deflexão na laje

Causas:

- Conceção inadequada
- Grande relação envergadura/profundidade.

2. Pisos elásticos

Causas:

- Comprimento incorreto da junta.
- Suporte de perímetro omitido

3. Transmissão de som não aceite

Causa:

- Meios de isolamento insuficientes, isolamento inadequado/resistência do pavimento contra o impacto e o som.

C. Acabamento granolítico

1. Fissuras e levantamentos

Causas:

- Má aderência ao betão de base, especialmente quando o betão antigo não é limpo, cortado e humedecido antes da colocação do acabamento do pavimento.
- Retração do material de acabamento.

2. Limpar o pó

Causas:

- Materiais inadequados e impurezas na mistura, como poeira e argila.
- Mau acabamento
- Hemorragia excessiva e secagem rápida
- Cura inadequada

D. Terrazzo

1. Fissuras e levantamentos

Causas:

- Má ligação à base
- Omissão de articulações de movimento.
- Painéis colocados em grandes dimensões.

2. Descolagem da camada superior

Causa:

- Preparação inadequada do substrato e chave mecânica deficiente.

3. Fragmentação das juntas

Causas:

- Abrasão
- Nível inadequado nas juntas
- Levantamento de cantos
- Desintegração do betão
- Devido ao desgaste do tempo

4. Desintegração dos separadores de pavimento

Causas:

- Abrasão
- Material de má qualidade
- Envelhecimento

E. Linóleo

1. Superfície irregular

Causas:

- Preparação inadequada da laje de base.
- Mau acabamento no assentamento.

F. PVC flexível

1. Levantamento dos bordos e manchas castanhas na superfície

Causas:

- Humidade alcalina da betonilha que ataca as bolhas de superfície do adesivo nos bordos.
- Bolhas de ar ou de humidade retidas no primário ou na camada de ligação.
- Alcatrão do adesivo que se difunde através de microfuros e fissuras no PVC.

2. Descolagem

Causas:

- Preparação deficiente da superfície
- Utilização incorrecta do material de ligação

G. Borracha

1. Deterioração da superfície

Causas:

- Contacto com óleos, gorduras e massas lubrificantes.
- Deterioração mecânica
- Efeito da meteorização.

H. Betão de cimento/Terrazzo/Pedra/Tijolos cerâmicos

I. Arqueamento e elevação

Causas:

- Retração de secagem da betonilha de base
- Expansão dos ladrilhos devido à absorção de humidade
- Movimento térmico diferencial da base de betão e dos ladrilhos.

J. Deterioração da superfície

Causas:

- Ataque de produtos de limpeza e produtos químicos à base de solventes.
- Desgaste físico.

K. Descolagem

Causas:

- Preparação deficiente da superfície
- Aplicação incorrecta do material de ligação.

I. Ladrilhos de madeira

I. Manchas e levantamento de azulejos

Causas:

- A humidade ascendente dos pavimentos provoca a dilatação dos ladrilhos.
- Omissão da faixa de dilatação à volta do perímetro
- Utilização de ladrilhos com tempero inadequado.
- Humidade e retração inadequadas.

J. Pavimentos industriais de betão

1. Bolhas

Causas:

- O acabamento começou antes de o betão de base ter endurecido.
- Colocar o pavimento e a espátula demasiado cedo
- A superfície foi selada demasiado cedo.
- O ar e a água aprisionados continuam a subir durante o acabamento.
- Formação de vazios entre a argamassa de superfície e o betão de base devido à água e ao ar.
- Utilização incorrecta de endurecedores de superfície.

2. Crazing

Causas:

- Retração da pasta de cimento na superfície causada por uma relação a/c demasiado alta ou demasiado baixa na mistura.
- Hemorragia excessiva e secagem rápida.

3. Superfície ondulada e ondulada

Causas:

- O betão superior arrefece enquanto a camada inferior permanece quente.
- Encolhimento mais rápido na parte superior do que na parte inferior devido a uma taxa de secagem diferente.
- O betão sob a superfície não é deixado endurecer antes do acabamento.
- Secagem rápida devido ao sol, ao vento ou à baixa humidade.
- Sub-base fria ou utilização de retardador que atrasa o assentamento abaixo da superfície.
- Abaulamento de fissuras no betão de base à medida que a talocha eléctrica se desloca sobre a laje.
- Onda de betão não uniforme à frente da betonilha.
- Adição de água extra no local de betonagem para aumentar o abatimento.
- Alteração da inclinação entre lotes.

4. Fissuras por retração de plástico

Causas:

- Evaporação rápida da água da superfície devido a
- Baixa humidade
- Alta velocidade do vento
- Temperatura elevada do betão
- Temperatura do ar moderada a elevada

5. Cor irregular

Causas:

- Variação da mistura, slump, acabamento e cura.
- Sangramento excessivo produzindo uma superfície mais clara.
- Baixo rácio água-cimento produzindo uma superfície escura.
- Mudança de marca de cimento.
- Espalhamento precoce em superfície húmida
- Superfície com espátula ou com vassoura.
- As folhas de plástico em contacto deixam um aspeto manchado.

6. Escalonamento

Causas:

- Não é utilizado betão com incorporação de ar.
- Má qualidade do acabamento devido ao elevado rácio a/c
- Demasiado cedo e demasiado espátula.
- A cura não foi efectuada corretamente.

7. Pop outs

Causas:

- Pressão interna das partículas de absorção perto da superfície.
- Presença excessiva de sais solúveis.

8. Liquidação

Causa:

- Compactação inadequada do solo sob o substrato.

9. Limpar o pó

Causas:

- Presença excessiva de cal livre na matriz do betão.
- Ação química
- A superfície do betão seca sem endurecer.

10. Desintegração

Causas:

- Abrasão
- Danos por impacto
- Congelação e descongelação

11. Fissuras de retração não controladas

Causa:

- A contração durante a secagem e o arrefecimento provoca fissuras não controladas, especialmente em painéis de grandes dimensões.

12. Indentação

Causa:
- Cargas pontuais aplicadas ao acabamento durante um período apreciável.
13. Escorregadio
Causa:
- Presença excessiva ou polimento inadequado.
14. Desgaste irregular
Causas:
- Tráfego excessivo, por exemplo, no corredor.
- Mau acabamento.

TRABALHO DE MARCENARIA:

Elementos e Defeitos e suas causas

A. Molduras

1. Danos/deterioração da superfície

Causas:
- Proteção inadequada da madeira
- Utilização de madeira de qualidade inadequada.
- Entrada de humidade na madeira

2. Distorção

Causas:
- A variação do teor de humidade provoca expansão e contração.
- Abertura de juntas parcialmente formadas/trabalho deficiente.
- Temperatura e humidade extremas.
- Conceção inadequada do lintel (carga do lintel transferida para o pórtico)
- Fixação incorrecta com a alvenaria adjacente.
- Corrosão dos suportes/âncoras.
- Humedecer e secar alternadamente.

3. Deterioração

Causas:
- Não aplicação de um revestimento de proteção, especialmente na face em contacto com a alvenaria.
- Podridão seca e húmida da madeira
- Ataque de insectos/termitas.
- Corrosão em estruturas de aço.
- Ação bimetálica sobre a estrutura de alumínio exposta ao ambiente.

4. Fissuração dos painéis de vidro

Causas:
- Corrosão dos parafusos, grampos e armação de aço.
- Deformação excessiva do lintel causando distorção da estrutura.

5. Afrouxamento/deterioração dos elementos individuais

Causas:
- Pressão excessiva nos dispositivos de ligação - falha na ligação
- Mau acabamento

- Teor de humidade excessivo nos elementos de madeira.

6. Fissuras e amolecimento

Causas:

- Podridão seca e húmida.
- Prego ou impacto físico.

B. Janelas e portas

1. Porta a colar

Causas:

- Deformação da madeira fina ou insuficientemente temperada.
- Suporte inadequado das dobradiças ou afrouxamento das dobradiças.

2. Furos para pinos

Causas:

- Infestação de escaravelhos e podridão húmida/seca.
- Penetração de humidade sob a soleira
- Omissão do DPC sob a soleira.

3. Tábuas de janelas deterioradas

Causa:

- Condensação

4. Deslaminação de painéis de contraplacado

Causas:

- Proteção inadequada contra a humidade.
- Especificações inadequadas.

ACABAMENTOS DECORATIVOS/PROTECTORES:

Elementos e defeitos e suas causas

A. Películas de tinta

1. Bolhas

Causa:

- A humidade acumulada força a tinta a formar pequenas bolhas ou bolhas

2. Hemorragia

Causa:

- Os depósitos resinosos da subsuperfície que chegam à superfície da tinta provocam hemorragias.

3. Florescendo

Causa:

- Névoa ou bolor devido à presença de humidade ou ao arrefecimento da camada vítrea da superfície.

4. Descamação/descascamento e cissagem

Causas:

- Levantamento e descamação da pintura devido à perda de aderência
- Preparação incompleta do substrato.
- Aplicação incompleta da camada de primário.

5. Secagem irregular

Causas:
- A superfície não está corretamente limpa.
- Resíduos de removedores de tinta.
- Acabamento aplicado antes da secagem da subcapa.

6. Resina que atravessa a película adesiva

Causas:
- Nós não tratados corretamente.
- Nós muito resinosos não cortados.
- Ataque alcalino por sais no suporte.

7. Giz

Causa:

- Pulverização da tinta de superfície devido à exposição externa e à falta de aglutinante de tinta.

8. Crazing

Causa:

- Fissuração irregular da superfície devido à utilização de tinta de secagem dura com consistência espessa.

9. Cortinas e flacidez

Causas
- Aplicação irregular da tinta
- Demasiada aplicação de tinta

10. Sorriso

Causas:
- Superfície não limpa
- Pintura parcialmente aplicada
- Má capacidade da película de tinta

11. Anel

Causa:

- Formação de galé instável devido a diluentes instáveis ou armazenamento prolongado.

12. Perda de brilho

Causas:
- Subcamada porosa ou humidade na superfície.
- Material alcalino deixado na madeira

13. Molde

Causa:

- Condições de humidade

Material/Defeitos e suas causas prováveis

A. Condutas de água

1. Fuga de tubos

- Corrosão
- Danos externos devido a vibrações

- Congelação e descongelação.
2. Juntas com fugas
- Desgaste da glândula.
- Danos externos
- Instalação deficiente.
- Corrosão bimetálica quando são utilizados metais diferentes
- Ação química dos fluxos.
- Expansão/contração térmica devido à circulação de água quente e fria.
3. Martelo de água
- Aumento súbito da pressão no sistema.
- Golpes de aríete em tubagens frias causados por placas de arruela soltas nas válvulas.
- "Batidas" nos tubos de água quente causadas por obstruções súbitas do fluxo nos tubos de retorno.
- Fecho súbito das torneiras.
4. Rutura do tubo
- Congelamento da água nos tubos, resultando num aumento de volume que leva à expansão e abertura de juntas.
B. Torneiras e torneiras
1. Fugas de água à volta da parte superior do eixo
- Empanque defeituoso.
- Punhos ou haste defeituosos.
- A máquina de lavar está deteriorada ou avariada
- O assento está desgastado e com marcas.
- Desapertar a anilha do assento.
2. Goteja quando fechado ou vibra quando aberto
- Anilha defeituosa ou assento da válvula gasto.
- Os fios do fuso estão gastos.
C. Válvulas de esfera
1. Descarga do transbordo
- A válvula não consegue fechar corretamente devido a uma anilha defeituosa ou a um assento corroído ou à presença de depósitos de areia ou de calcário.
2. Atraso na posição fechada
- Normalmente, segue-se um período de não utilização durante o qual a sujidade e o calcário secam nas peças de trabalho.
D. Cisterna de armazenamento
1. Transbordamento ou fluxo contínuo de água
- A anilha do êmbolo está gasta.
- Válvula de flutuador avariada ou deteriorada.
- Válvula de flutuador com defeito.
- Regulação incorrecta da boia.
- Válvula de descarga com defeito.

- Deformação da válvula de borracha ou assentamento incorreto da válvula.
2. Sem descarga
- A disposição do tipo campainha/sifão está desalinhada.
- Alavanca de comando com defeito.
3. Ferrugem em cisternas de aço galvanizado
- Ação electrolítica devido ao enchimento de ferro proveniente de furos deixados no depósito ou à deposição de cobre da água nos lados do depósito.
E. Tubo de drenagem de resíduos
1. Suavização e distorção
- Envelhecimento
- Reação com produtos de limpeza químicos
2. Bloqueio
- Corrosão interna
- Resíduos domésticos
F. Armadilhas
1. Fugas
- Canalização defeituosa
- Fissura corporal
2. Entupimento
- Acumulação de gordura, sujidade e outros materiais, por exemplo, cabelos e cotão.
3. Cheiro desagradável
- Rutura do selo de água devido à evaporação e secagem do selo de água.
G. Tubos subterrâneos
1. Bloqueio
- Má disposição (a tubagem corre em linha reta entre os pontos de acesso ou é colocada com uma inclinação insuficiente para limpar o solo).
- Drenagem fracturada por assentamento, tráfego intenso ou raízes húmidas.
- Acumulação de resíduos de construção durante a construção
- Eliminação de materiais inadequados através dos esgotos
2. Falha nos testes
- Juntas defeituosas em:
- Base do tipo de solo
- Entrada para a câmara de visita.
- Pontos intermédios.
- Fratura do dreno.
- Rachaduras em buracos de esgoto.
1. Tanques aéreos/subterrâneos
2. Transbordamento/sem caudal
- O flutuador não está a funcionar.
3. Fugas
- Canalização defeituosa
- Fissuras no corpo do depósito.

- Humedecer e secar alternadamente.
- Defeito na conceção e na colocação dos varões.

I. Fossas sépticas

1. Lamas flutuantes

- Decomposição das lamas devido a deslocações prolongadas.

2. Cheiro desagradável

- Septicação das águas residuais devido ao longo tempo de deslocação na linha mais recente.
- Presença de sólidos de esgoto e crescimento de plantas.

3. Espuma

- A presença de sólidos de esgoto e de crescimento de plantas nos detergentes utilizados na lavagem doméstica provoca a formação de espuma.
- Água da casa de banho misturada com saída de w.c.

MATERIAIS:

Material/Defeitos e suas causas prováveis

A. Madeira

1. Deformação

- Movimento sazonal da humidade da madeira no final
- Podridão seca devido à entrada de água através de revestimentos defeituosos ou condensação.
- Podridão húmida quando o teor de humidade da madeira é superior a 30%

2. Decadência/deterioração

- Ataque de insectos/termitas
- Humidade contínua

B. Tijolos

1. Pó branco

- Eflorescência causada pela cristalização de sais solúveis em tijolo ou argamassa
- Ataque de sulfatos.

2. Coloração de tijolos

- Eflorescência
- Humidade
- Absorção de sais químicos.

3. Decadência (desintegração)

- Cristalização de sais formados abaixo da superfície nas fendas dos tijolos.
- Erosão superficial conhecida como cripto-florescência. Quando a cripto-florescência continua indefinidamente, leva à decomposição dos tijolos.

C. Pedras

1. Coloração (orgânica)

- Presença de álcalis na argamassa, no cimento e na cal hidratada.

2. Coloração (metálica)

- Metais ligados à pedra

3. Delaminação das camadas superficiais

- Penetração da água da chuva com subsequente rutura da superfície ao congelar.
- Ataque de sulfatos devido a sais solúveis na argamassa de suporte ou de assentamento.

4. Escalonamento do contorno

- Repetidas molhagens e secagens alternadas da pedra, que conduzem a condições diferentes nas camadas exterior e interior.

D. Empolamento da superfície

1. Betão

- Poluição atmosférica - o dióxido de enxofre absorvido na água da chuva forma uma solução ácida fraca que ataca o meio de ligação natural da pedra.

2. Rachaduras

- Reação química
- Encolhimento, expansão e contração térmicas
- Sobrecarga ou stress excessivo
- Corrosão

3. Intemperismo do betão

- Poluição atmosférica chuvas e chuvas ácidas
- Abrasão física
- Ataque químico
- Radiação solar

4. Carbonatação

- Poluição ambiental
- Betão poroso
- Não fornecimento de casaco de assento.

5. Desintegração

- Reação química
- Ataque de sulfatos
- Mistura de projeto defeituosa.
- Impurezas nos materiais
- Práticas de construção incorrectas.

E. R.C.C.

1. Falha do betão de cobertura

- O betão de cobertura é fraco e poroso - incapaz de resistir às forças de expansão causadas por:
- Corrosão das armaduras.
- Expansão térmica diferencial
- Entrada de humidade
- Ação de geada.
- Exposição à atmosfera
- Exposto a ar húmido e poluído.

F. Aço macio

1. Ferrugem/Corrosão/Pitting

- Corrosão sob tensão
- Ataque por gases de fluxo contendo dióxido de enxofre.
- Contacto do carbono com o cobre.

G. Aço de alta resistência

1. Corrosão

- Drenagem da água da chuva de telhados cobertos de cobre
- A presença de cobre, juntamente com condições de humidade causadas por condensação intensa e repetida, conduz a uma corrosão grave.

H. Cobre

I. Corrosão por picadas

- O alumínio desprotegido embutido em argamassa de cimento ou em betão exposto a salpicos de água salgada também conduzirá à corrosão.

I. Alumínio

1. Corrosão por picadas

- Camada anodizada desfigurada por salpicos de cimento ou cal.

2. Corrosão bimetálica

- Ataque de chumbo.
- Contacto com cobre/aço e presença de humidade

J. Chumbo

1. Corrosão

- Ataque por álcalis livres presentes no betão / argamassa.

K. Zinco

1. Corrosão

- Exposição a gases e compostos de enxofre

L. Folhas de amianto

1. Fissuras e rupturas

- Sujeito a uma maior pressão devido a uma sobrecarga.
- Danos por impacto
- Danos durante a eleição.

2. Deterioração

- O crescimento de musgo e líquenes causa deterioração
- Poluição atmosférica.

M. Chapas de ferro galvanizado

1. Deterioração

- Corrosão de materiais de base
- Envelhecimento e poluição atmosférica
- Corrosão dos pregos por ação do vento

N. Colmo

1. Deterioração do colmo

- Envelhecimento e poluição atmosférica.
- Chuvas e ventos fortes.
- Alimentação de ratos e habitação de aves.

- Ataque de térmitas.
2. Ripping off
- Vento forte/tempestade
- Fixação incorrecta do colmo.
O. Folhas de plástico reforçado com fibras
1. Fissuras perto dos parafusos J.
- Perda de resistência ao rasgamento.
- Fixação incorrecta.
2. Deterioração
- Envelhecimento e efeito do efeito ultra-violeta.
P. Vidro
1. Fissuras/quebras
- Vandalismo
- Tensões térmicas (diferentes coeficientes de dilatação térmica do vidro e do material do caixilho).

HUMIDADE NOS EDIFÍCIOS:

Material/Defeitos e suas causas prováveis

Fundação: Manchas de humidade no rodapé abaixo do DPC visíveis nas paredes exteriores durante a estação das chuvas.
- Ausência/falha do sistema de impermeabilização vertical à volta da fundação.
- Recolha de água junto das zonas de fundação e dos estratos de solo impermeáveis.
- Falhas nas qualidades de impermeabilização das fundações.

Caves: A humidade é visível nas paredes e no chão. A água pode estar a vazar ou a infiltrar-se nas paredes ou no chão ou, em casos graves, pode acumular-se em zonas baixas.
- Penetração de água sob pressão através de juntas de construção/fissuras/estruturas porosas.
- Penetração de humidade do subsolo através de paredes da cave/laje rachada.
- Sistema de impermeabilização inadequado.
- Falha do sistema de impermeabilização devido a:
- deterioração com a idade
- falta de continuidade do sistema de impermeabilização, por exemplo, sob escoras e outros elementos estruturais que possam penetrar no sistema de impermeabilização.
- danos ocorridos durante a construção.
- Não instalação de um sistema de drenagem de tubos perfurados no perímetro da cave.
- Condensação: É provável que surja quando o aquecimento é utilizado de forma intermitente sem ventilação adequada.

Paredes:

Humidade ao nível do solo ou próximo dele: Humidade semipermanente observada nas superfícies das paredes desde o nível do solo até cerca de 750 mm ou mesmo mais alto em casos graves.

As decorações podem estar húmidas, com bolhas e descoloridas ou secas e empurradas para fora da parede. Pode haver podridão no chão e nos rodapés adjacentes à parede deteriorada.

- Esta humidade é devida a um ou mais dos seguintes factores
- Falta de uma camada à prova de humidade.
- Colmatação da camada de impermeabilização.
- Falha da camada de impermeabilização.

Paredes exteriores sólidas: Manchas de humidade visíveis e crescimento de bolor na face interna decorativa.

- O muro não pode resistir à penetração direta de uma chuva forte de intensidade elevada.
- Deterioração das juntas de alvenaria ou do reboco.
- Caleira ou tubo de água da chuva com defeito.
- Juntas de construção e de elevação mal feitas.
- Perda de pasta de cimento devido a juntas mal formadas, resultando em favos de mel e caminhos capilares contínuos.

Paredes com cavidades: Humidade na superfície decorativa interna perto do DPC, ou ao nível do lintel.

- Acumulação de argamassa em excesso em várias juntas das paredes das cavidades.
- Tirantes de parede mal colocados com inclinação para baixo em direção às paredes interiores
- Cavidade colmatada por espuma injectada.
- Ausência ou dano do DPC sobre o lintel.

Paredes interiores: Manchas de humidade no reboco acompanhadas de descasque do papel de parede, descoloração ou manchas na superfície ou crescimento de bolor. Manchas de humidade particularmente em cozinhas e casas de banho frias.

- Fuga ou retorno de tubos de transbordo.
- Fugas de tubos embutidos na parede que causam danos por congelação ou corrosão.
- Ação química localizada.
- Condensação localizada em condutas ascendentes enterradas.
- Condensação do vapor de água do ar em contacto com superfícies frias.

A. Aberturas nas paredes:

1. Remendo de humidade sobre a cabeça da abertura

- Conceção inadequada (gotejamento/gargalo ausente ou parcialmente construído)
- Ausência de gola/filé na intersecção do muro com as ligações.
- Omissão de tabuleiro de cavidades sobre a abertura de uma parede de cavidades ou tabuleiro demasiado curto causando humidade nos cantos.

2. Manchas de humidade à volta dos caixilhos das janelas/portas

- Omissão de DPC vertical na junção das folhas interiores e exteriores de paredes de cavidades ou de caixilhos de janelas/portas.

3. Mancha de humidade ao nível do fundo

- Condensação a escorrer na face interior do vidro
- Folga entre o caixilho e o vidro
- Vedante defeituoso incapaz de acomodar o movimento diferencial de diferentes materiais.

B. Chaminés

1. Humidade na parte superior da pilha

- Impermeabilização defeituosa da chaminé e da caleira.
- Ausência ou defeito da camada de impermeabilização ou do revestimento das chaminés.
- Chaminé defeituosa e/ou assentamento da chaminé que permite a penetração de água.

2. Humidade no teto da chaminé ou na chaminé e descoloração da decoração

- Ação química devido aos gases de combustão.
- Condensação em condutas sem revestimento.

Lado interior por baixo dos parapeitos: Humidade visível no reboco interior das partes superiores das paredes exteriores. Inicialmente, a humidade aparece na junção parede/teto e depois espalha-se para baixo, acentuando-se após chuva forte ou queda de neve.

- Ausência de impermeabilização defeituosa no parapeito
- Fenda na junção do remate da cobertura e do parapeito devido a deformações estruturais.
- Condensação
- Rachadura, vazamento ou bloqueio da calha ou broto atrás do parapeito.

Telhados planos ou de baixo perfil: Manchas de humidade visíveis após a chuva e no inverno em torno do perímetro do telhado.

- Condensação do vapor de água que passa da sala por baixo do teto para a laje de cobertura estrutural.
- Água de construção residual retida durante a colocação do telhado, que goteja lentamente.
- Penetração direta da chuva que se desloca horizontalmente entre a laje de cobertura e o feltro.
- Água a pingar de fendas no teto ou à volta de aparelhos eléctricos.

Tectos inclinados: Manchas de humidade no teto falso observadas após a queda de chuva ou neve.

- Sobreposições inadequadas de chapas ou pregadas através de calhas em vez de coroas de corrugações.
- Telhas e ardósias defeituosas.
- Ripas defeituosas afectadas por caruncho ou ataque de fungos.
- Parapeito ou caleiras de vale com defeito.
- Fuga do depósito de água.

Pisos térreos sólidos:

1. Chão persistentemente húmido, exceto em tempo muito seco. Crescimento de

bolor na parte inferior da alcatifa.

- Ausência ou ineficácia da membrana de proteção contra a humidade.
- Base de betão e material de pavimento poroso/permeável.
- A alcatifa ou o linóleo podem reter a humidade de base.

2. A humidade restringe-se ao perímetro do pavimento

- Não ligação entre a membrana de impermeabilização do chão e o DPC da parede.

Tectos e pavimentos: Manchas de humidade no teto ou no chão.

- Fuga de aparelhos avariados.
- Fugas de juntas e tubagens de serviços defeituosas.
- Fugas devido a sobreposições inadequadas no caso de coberturas inclinadas.

Caixilharia exterior (portas/janelas): Penetração de água nas paredes exteriores.

- Limiar desgastado ou ausência de barra de água e de portas com filete de proteção contra as intempéries pelos lados do caixilho.

Nota: A humidade resultante de aparelhos, juntas e tubagens defeituosas pode aparecer a alguma distância da fonte, uma vez que pequenas fugas escorrem ao longo das tubagens e condutas antes de caírem noutras superfícies e se tornarem visíveis.

RESUMO

Os defeitos e as falhas reflectem o estado da eficiência do desempenho e da capacidade de serviço das estruturas dos edifícios e da sua manutenção. A maior parte dos defeitos de construção são evitados através de uma reparação e manutenção eficazes. A reparação e a manutenção eficazes requerem a análise dos defeitos para o diagnóstico correto das causas profundas. A identificação correta das causas de raiz exige a recolha de informações pormenorizadas através da observação do problema específico e de ensaios no local.

Os defeitos podem ser agrupados por vários elementos ou de acordo com as caraterísticas dos defeitos. Um diagnóstico correto dos defeitos é essencial antes de se tentar uma reparação e manutenção eficazes. Os defeitos são basicamente causados pelo movimento da água e por factores ambientais. A causa da humidade pode ser devida à construção, à intrusão, à condensação e à água ocupacional.

A fonte e o percurso da água nos elementos do edifício devem ser determinados com a maior precisão possível para planear uma reparação e manutenção eficazes. A maior parte das vantagens são causadas pela combinação de vários factores.

CAPÍTULO 4

IDENTIFICAÇÃO E REPARAÇÃO DE DEFEITOS DE ESTRUTURA

Introdução

É necessário um método técnico fiável para analisar os defeitos existentes nas instalações de construção e engenharia. As inspecções técnicas que visam a deteção de pontos técnicos relativos aos defeitos começam com explicações científicas das partes danificadas. De seguida, é feita uma análise dos materiais e da sua engenharia, de modo a detetar como é que estes danos ocorreram. Segue-se o seguinte:

[1] . A produção de resultados técnicos razoáveis requer vários elementos, incluindo conhecimentos especializados, experiência e identificação do equipamento necessário, peritos em materiais e engenheiros bem disciplinados.

[2] . O procedimento para o levantamento técnico dos defeitos é efectuado de acordo com as seguintes etapas

- Recolha de dados iniciais
- Determinação do mecanismo dos defeitos
- Determinação da sequência de defeitos
- Testar os pressupostos
- Determinação dos motivos da faturação e da sua causa
- Comunicação dos resultados.

Identificação de defeitos de estrutura

1. Revestimento

Alguns revestimentos utilizados nas paredes exteriores, tal como outras formas de revestimento, como o alumínio, são normalmente montados num sistema de ganchos ou ângulos ancorados nas paredes exteriores, vulgarmente conhecido como fixação a seco. Os componentes deste sistema são concebidos para resistir aos ataques das intempéries. No entanto, a poluição, como a chuva ácida, ou outros ataques químicos inesperados podem encurtar o seu tempo de vida, conduzindo a falhas.

2. Janela

- Painéis de vidro: Os painéis de vidro partidos ou rachados devem ser imediatamente substituídos pelo mesmo tipo e espessura de vidro.
- Janelas de aço: As janelas de aço estão sujeitas a ferrugem e devem ser regularmente pintadas com primários e retocadas.
- Janelas de alumínio: As dobradiças de barra nas janelas de alumínio são uma das fontes mais comuns de problemas que levam ao deslocamento das folhas.
- Dispositivos de bloqueio: Os dispositivos de bloqueio dos caixilhos das janelas devem ser substituídos se não funcionarem corretamente. Caso contrário, podem ficar danificados em caso de tufão.

3. Betão defeituoso/estilhaçamento do betão

- Reparação de remendos: É o método de reparação mais comum para pequenos defeitos do betão, como a fragmentação da superfície. O betão danificado ou defeituoso deve ser cortado até ao substrato sólido.

4. Fissuras estruturais.

Depois de identificados e resolvidos os problemas que estão na origem das fissuras, a reparação das fissuras é geralmente efectuada por injeção sob pressão de calda de cimento não retrátil ou de resina epóxida ou por abertura e reenchimento/reforço com betão.

5. Telhado

- Tipos de materiais de impermeabilização: Os materiais de impermeabilização comuns utilizados podem ser classificados com base nos seus métodos de aplicação, nomeadamente a aplicação de líquidos e a aplicação de membranas. Alguns materiais podem ser expostos às intempéries e à luz do sol, mas outros requerem proteção, como telas de cimento e areia ou acabamentos de azulejos. Alguns materiais são mais elásticos e adequados aos movimentos previstos na estrutura da cobertura. A vida útil deste tipo de material é superior a 5 anos.
- Acabamento: O bom acabamento é vital nos trabalhos de impermeabilização. As áreas de preocupação incluem:
- Inclinação das superfícies do telhado, que devem ser colocadas de modo a proporcionar uma queda adequada para evitar a formação de lagoas.
- A espessura dos materiais de impermeabilização aplicados
- Sobreposição dos materiais nas junções
- As reviravoltas dos materiais nos parapeitos e nas paredes, os tubos e condutas salientes e os cantos afiados são potenciais áreas de problemas.
- A descida dos materiais para os orifícios de drenagem, e
- Prevenção de movimentos excessivos provocados por equipamentos instalados no topo.

6. Paredes exteriores

- Fontes comuns de fugas:

Para além das mangas, as fontes comuns de fugas nas paredes exteriores são

- Fissuras/crepitações profundas que penetram nos acabamentos e no corpo da parede.
- Foi encontrado betão defeituoso na parede.
- Defeito ou perda dos acabamentos exteriores que protegem a parede do ataque direto da chuva.

- Métodos de reparação comuns:

- As fissuras/trincas nas paredes exteriores podem ser reparadas por injeção química ou por abertura seguida de reparação com argamassa de impermeabilização.
- Os pontos fracos da parede, como buracos, favos de mel, sujidade e matérias estranhas, devem ser removidos e remendados com argamassa de impermeabilização adequada.

7. Casas de banho, cozinhas ou pisos de varandas^

Fontes de fugas: Nas casas de banho ou nas cozinhas, a fonte de fugas deve ser identificada antes de se poderem considerar quaisquer trabalhos de reparação. Se se tratar do afrouxamento de componentes do sistema de drenagem, como os sifões debaixo do lava-loiça, do lavatório ou da banheira, uma simples reparação pode parar a fuga. No entanto, se os canos de abastecimento de água defeituosos forem identificados como sendo os culpados, devem ser contratados canalizadores licenciados para substituir as peças defeituosas ou rever todo o sistema.

Reparação de defeitos estruturais

1. Revestimento

Alguns revestimentos utilizados nas paredes exteriores, tal como outras formas de revestimento, como o alumínio, são normalmente montados num sistema de ganchos ou ângulos ancorados nas paredes exteriores, vulgarmente conhecido como fixação a seco. Os componentes deste sistema são concebidos para resistir aos ataques das intempéries. No entanto, a poluição, como a chuva ácida, ou outros ataques químicos inesperados podem encurtar o seu tempo de vida, conduzindo a falhas.

Todo o sistema deve ser inspeccionado regularmente. Deve igualmente examinar-se com cuidado as juntas de dilatação/movimento e o vedante necessários para assegurar o seu bom funcionamento. Os painéis fissurados ou abaulados devem ser imediatamente removidos para evitar acidentes. Antes da substituição, a causa do defeito deve ser identificada e eliminada para evitar a recorrência do mesmo defeito. Se se verificar que o sistema de revestimento existente não é adequado para o edifício, deve ser totalmente substituído. Embora tal decisão possa ser difícil de tomar, é o único meio eficaz de extirpar defeitos crónicos e recorrentes. Não são raros os exemplos de uma substituição tão drástica em Hong Kong. Em qualquer processo de reparação de revestimentos exteriores em pedra, qualquer sistema de fixação de revestimentos em pedra nunca deve ser substituído pelo método tradicional de fixação por via húmida com argamassa, que conduz a resultados desastrosos.

2. Janela

As folhas ou caixilhos deformados das janelas, normalmente revelados após um tufão, são instáveis e têm de ser substituídos imediatamente. A substituição dos caixilhos das janelas é inevitável se:

- os quadros deformaram-se, tornaram-se inseguros, deterioraram-se consideravelmente;
- a qualidade do caixilho ou dos seus materiais de impermeabilização que preenchem o espaço entre o caixilho e a estrutura de base é duvidosa, provocando fugas constantes e irreparáveis. No processo de instalação dos novos caixilhos das janelas, os leitores podem querer ter em atenção os seguintes pontos:
- Os caixilhos das janelas devem ser fixados de forma segura e rígida à abertura da janela nas paredes através de olhais de fixação.
- Entre o caixilho da janela e a abertura deve ser aplicado um betume impermeabilizante adequado, com uma camada adicional de material impermeabilizante à volta do caixilho.
- No caso das janelas de alumínio, as juntas dos caixilhos e das secções das janelas devem ser devidamente seladas com um vedante adequado. Os caixilhos das janelas devem estar devidamente equipados com barras de água nos seus peitoris para impedir a entrada de água. Deve também ser aplicada uma junta contínua de materiais

adequados ao longo de todo o perímetro entre o caixilho da janela e as folhas que podem ser abertas; e

• Os painéis de vidro instalados para proteção contra o perigo de queda devem ser concebidos por uma Pessoa Autorizada (AP) ou por um Engenheiro Estrutural Reconhecido (RSE) e os trabalhos de instalação devem ser executados por um empreiteiro geral registado ao abrigo da
supervisão desse AP ou RSE.

3. Betão defeituoso/estilhaçamento do betão

• Reparação de remendos: É o método de reparação mais comum para pequenos defeitos do betão, como a fragmentação da superfície. O betão danificado ou defeituoso deve ser cortado até ao substrato sólido. Depois de todo o betão defeituoso ter sido cortado, as barras de reforço enferrujadas devem ser devidamente limpas e impregnadas com um primário adequado à base de cimento/epóxi que combine com a argamassa utilizada para a reparação e, em seguida, o substrato deve ser remendado com argamassas de reparação adequadas, tais como argamassas cimentícias e argamassas cimentícias modificadas com poliéster ou argamassas à base de resina, tais como argamassas de resina epóxi e argamassas de resina poliéster.

• Substituição de varões de reforço: O processo envolve a identificação do tipo de barras de aço existentes, a avaliação da substituição/suplemento necessário de barras de reforço e a lapidação necessária das barras novas e antigas. Podem também ser necessários cálculos estruturais.

4. Fissuras estruturais

Depois de identificados e resolvidos os problemas que estão na origem das fissuras, a reparação das fissuras é geralmente efectuada por injeção sob pressão de calda de cimento não retrátil ou de resina epóxida ou por abertura e reenchimento/reforço com betão.

Reparação de paredes exteriores

i. Azulejos/acabamentos: A preparação adequada das superfícies expostas após a remoção das partes soltas da parede existente para uma chave física com a nova argamassa; a utilização de agentes de ligação ou adesivos adequados para a argamassa; e adesivos especiais para os azulejos são meios essenciais para este fim.

ii. Fissuras: As fissuras devem ser reparadas por injeção de produtos químicos especialmente concebidos para o efeito ou por abertura e reparação com argamassa.

5. Telhado

- Tipos de materiais de impermeabilização: Os materiais de impermeabilização comuns utilizados podem ser classificados com base nos seus métodos de aplicação, nomeadamente a aplicação de líquidos e a aplicação de membranas. Alguns materiais podem ser expostos às intempéries e à luz do sol, mas outros requerem proteção, como telas de cimento e areia ou acabamentos de azulejos. Alguns materiais são mais elásticos e adequados aos movimentos previstos na estrutura da cobertura. A vida útil deste tipo de material é superior a 5 anos.

- Acabamento: O bom acabamento é vital nos trabalhos de impermeabilização. As áreas de preocupação incluem:

- Inclinação das superfícies do telhado, que devem ser colocadas de modo a proporcionar uma queda adequada para evitar a formação de lagoas.
- A espessura dos materiais de impermeabilização aplicados
- Sobreposição dos materiais nas junções
- As reviravoltas dos materiais nos parapeitos e nas paredes, os tubos e condutas salientes e os cantos afiados são potenciais áreas de problemas.
- Despejar os materiais nos orifícios de drenagem.
- Prevenção de movimentos excessivos provocados por equipamentos instalados no topo.

A eficácia dos trabalhos de impermeabilização depende também, em grande medida, da possibilidade de a sua integridade ser afetada por bombas/condensadores de sistemas de ar condicionado que provoquem movimentos excessivos, obras não autorizadas, suportes de tubagens, etc.

- Ensaios: Após a colocação dos materiais, devem ser efectuados ensaios de inundação/escoamento e de análise térmica para verificar o desempenho da impermeabilização.
- Outros métodos de reparação: Existem outros métodos de reparação, tais como a utilização de aditivos químicos nas superfícies de betão existentes ou a injeção de poliuretano (PU) nas fissuras e nos espaços vazios. Uma vez que podem ser aplicados a partir do lado negativo ou do piso inferior para parar a fuga, são recomendados como medida temporária quando o proprietário do piso superior ou do telhado não coopera nos trabalhos de reparação. No entanto, o resultado pode não ser duradouro, uma vez que a água continua a descer por outros pontos fracos.

6. Paredes exteriores

- Fontes comuns de fugas: Para além das mangas, as fontes comuns de fugas nas paredes exteriores são
- Fissuras/crepitações profundas que penetram nos acabamentos e no corpo da parede.
- Foi encontrado betão defeituoso na parede.
- Defeito ou perda de acabamentos exteriores para proteger a parede do ataque direto da chuva.
- Métodos de reparação comuns:
- As fissuras/trincas nas paredes exteriores podem ser reparadas por injeção química ou por abertura seguida de reparação com argamassa de impermeabilização.
- Os pontos fracos da parede, como buracos, favos de mel, sujidade e corpos estranhos, devem ser removidos e remendados com argamassa de impermeabilização adequada.

A reparação pode ser efectuada interna ou externamente, dependendo da localização do ponto fraco. Após a aplicação da argamassa de reparação ou da injeção química, a superfície pode ser alisada e rebocada. De seguida, a parede exterior deve ser revestida com acabamentos que coincidam com os existentes. Se for considerado necessário, podem ser aplicados aditivos especiais na argamassa ou no reboco da parede exterior para melhorar as suas capacidades de impermeabilização.

7. Casas de banho, cozinhas ou pisos de varanda

- Fontes de fugas: Nas casas de banho ou nas cozinhas, a fonte de fugas deve ser identificada antes de se poderem considerar quaisquer trabalhos de reparação. Se se tratar do afrouxamento de componentes do sistema de drenagem, como os sifões debaixo do lava-loiça, do lavatório ou da banheira, uma simples reparação pode parar a fuga. No entanto, se os canos de abastecimento de água defeituosos forem identificados como sendo os culpados, devem ser contratados canalizadores licenciados para substituir as peças defeituosas ou rever todo o sistema.
- Reparação: Antes de reconstruir a camada de impermeabilização de um pavimento, todos os equipamentos e acabamentos sanitários devem ser removidos para permitir a formação de uma construção contínua de impermeabilização. A betonilha impermeável de cimento e areia ou outros materiais semelhantes é normalmente utilizada. A betonilha deve ser aplicada de modo a ter uma inclinação suficiente na base das paredes e ter uma queda adequada para o esgoto para evitar a acumulação de água. Os acessórios sanitários devem ser instalados por cima da camada de impermeabilização sem a penetrar. A superfície do pavimento sob a banheira ou a base de duche deve ser formada com uma queda para evitar a retenção de água nas suas bases, caso ocorra uma fuga de água.
- Acabamento: Este deve ser totalmente aplicado com as colas para ladrilhos. Após a aplicação dos acabamentos do pavimento, as juntas entre os ladrilhos devem ser devidamente betumadas com argamassas para ladrilhos. As junções entre os acabamentos de parede e as bases de banheira ou de duche devem ser seladas com um vedante de silicone adequado. As folgas entre os ladrilhos de mármore devem ser fixadas com um vedante flexível para juntas de impermeabilização, para evitar que o movimento a longo prazo dê origem a fissuras que permitam a penetração de água.

CAPÍTULO 5

SEGURANÇA SANITÁRIA E PRECAUÇÕES DURANTE OS TRABALHOS DE MANUTENÇÃO

Introdução

O controlo de manutenção deve ser efectuado pelas pessoas responsáveis pela prestação de primeiros socorros, que é a primeira assistência imediata prestada a qualquer pessoa que sofra de uma doença ou ferimento ligeiro ou grave, com os cuidados necessários para preservar a vida, evitar o agravamento do estado ou promover a recuperação, assegurando o seguinte

i. Controlar o acesso ao estojo de primeiros socorros e assegurar que os artigos utilizados são substituídos o mais rapidamente possível após a sua utilização.

ii. Efetuar verificações regulares dos kits de primeiros socorros para garantir que o kit contém um conjunto limpo e completo dos artigos necessários, tal como indicado no kit.

iii. Assegurar que os artigos estão em bom estado de funcionamento, não se deterioraram e estão dentro dos prazos de validade.

iv. Comunicar quaisquer situações de perigo que tenham levado uma pessoa a necessitar de primeiros socorros.

v. Registar os tratamentos de primeiros socorros.

Dimensão e localização do local de trabalho

A oficina de betão é uma sala ou um edifício onde se trabalha com betão. Em relação à dimensão e à localização do local de trabalho, é necessário ter em conta os tempos de resposta dos serviços de emergência.

A distância entre as diferentes zonas de trabalho. A distância a que uma pessoa ferida ou doente tem de ser transportada para receber os primeiros socorros. As instalações de primeiros socorros devem estar localizadas em pontos convenientes e em áreas onde exista um risco significativo de ocorrência de ferimentos ou doenças.

Um local de trabalho de grandes dimensões pode exigir que os primeiros socorros estejam disponíveis em mais do que um local, tal como se indica a seguir:

i. Se os trabalhos forem efectuados a uma grande distância das instalações de emergência.

ii. Se um pequeno número de trabalhadores estiver disperso por uma vasta área.

iii. Se o acesso ao tratamento for difícil.

iv. Se o local de trabalho tiver mais do que um piso.

Procedimentos de primeiros socorros

Todos os empregadores devem desenvolver e aplicar procedimentos de primeiros socorros para garantir que os trabalhadores tenham uma compreensão clara dos primeiros socorros no local de trabalho. Os procedimentos devem abranger

i. O tipo de kit de primeiros socorros existente no seu local de trabalho e a sua localização.

ii. A localização das instalações de primeiros socorros, tais como salas de primeiros socorros.

iii. Quem é responsável pelos kits e instalações de primeiros socorros e com que frequência devem ser verificados e mantidos.
iv. Como estabelecer e manter sistemas de comunicação adequados, incluindo equipamento e procedimentos para assegurar uma comunicação rápida de emergência com os socorristas.
v. O equipamento e os sistemas de comunicação a utilizar em caso de necessidade de primeiros socorros, nomeadamente para os trabalhadores afastados e isolados.
Estes procedimentos devem conter informações sobre como:
i. Para localizar o equipamento de comunicação
ii. Quem é responsável pelo equipamento e como deve ser mantido.
iii. As áreas de trabalho e os turnos que foram atribuídos a cada socorrista.
iv. Estes procedimentos devem conter os nomes e os dados de contacto de cada socorrista.
v. Disposições para garantir que os socorristas recebam formação adequada. Disposições para garantir que os trabalhadores recebam informações, instruções e formação adequadas em matéria de primeiros socorros.
vi. Como comunicar ferimentos e doenças que possam ocorrer no local de trabalho, e estes procedimentos devem conter disposições para registar e armazenar pormenores e tratamentos de primeiros socorros praticados e para evitar a exposição a sangue e substâncias corporais.
vii. O que fazer quando um trabalhador ou outra pessoa está demasiado ferido ou doente para permanecer no trabalho, por exemplo, se necessitar de assistência no transporte para um serviço médico, para o domicílio ou para outro local onde possa descansar e recuperar.
viii. Acesso a serviços de análise ou aconselhamento para apoiar os socorristas e os trabalhadores após um incidente grave no local de trabalho.

Primeiros socorros e equipamento de proteção individual (EPI)

Componentes do equipamento de proteção individual (EPI)

Os componentes do equipamento de proteção individual (EPI) incluem luvas cirúrgicas descartáveis, batas, coberturas para sapatos, protectores faciais, máscaras de bolso ou máscaras de RCP, óculos de proteção, etc.

A higiene das mãos é muito importante porque um socorrista também pode espalhar germes se não seguir os procedimentos adequados para lavar as mãos regularmente com sabão e desinfetar para se proteger contra doenças infecciosas. A quantidade e a forma como os componentes são utilizados é frequentemente determinada pelos regulamentos ou pelo protocolo de controlo de infecções da instalação em questão. Muitos ou a maioria dos artigos acima enumerados são descartáveis para evitar o transporte de materiais infecciosos de uma pessoa para outra e para evitar uma desinfeção difícil ou dispendiosa. Iremos discutir diferentes tipos de métodos, técnicas e equipamento que protegem o socorrista durante o tratamento de uma ou mais vítimas.

Técnicas e produtos de limpeza das mãos antes de manipular a vítima.

A melhor maneira de evitar a propagação de doenças é lavar as mãos com sabão e água morna antes e depois de cada contacto com uma vítima. Infelizmente, nem sempre há água e sabão disponíveis. Certifique-se de que o seu material médico inclui um produto de limpeza ou desinfetante para as mãos sem água.

Luvas cirúrgicas descartáveis

Os socorristas devem usar luvas descartáveis quando lidam com uma vítima para se protegerem contra infecções ou bactérias.

As luvas cirúrgicas têm um tamanho mais preciso do que as luvas normais. (tamanho numerado, geralmente do tamanho 5,5 ao tamanho 9) são fabricadas com especificações mais elevadas. As luvas Ulrica proporcionam conforto e sensibilidade, ao mesmo tempo que protegem o socorrista e a vítima durante uma emergência. As luvas cirúrgicas são fabricadas a partir de uma gama de materiais, que incluem látex, poliisopreno, neopreno e nitrilo.

Bocais para socorristas

Os socorristas devem utilizar uma máscara de bolso, uma proteção facial ou cobrir a boca com um lenço ou um pedaço de plástico com um orifício, se não dispuserem de uma máscara. O objetivo e a aplicação destes dispositivos são discutidos mais adiante.

Proteção facial

A viseira facial refere-se a uma variedade de dispositivos utilizados para proteger um profissional de saúde ou um socorrista durante um procedimento que o possa expor a sangue ou a outro fluido potencialmente infecioso.

O socorrista deve utilizar equipamento de proteção individual para se proteger de salpicos, borrifos ou salpicos de sangue ou de outros materiais potencialmente infecciosos.

O objetivo de uma máscara de bolso

A máscara de bolso é um pequeno dispositivo que pode ser transportado no corpo. O ar é administrado ao doente quando o socorrista expira através da válvula de filtro unidirecional. As máscaras de bolso modernas têm uma válvula unidirecional incorporada ou um filtro descartável acoplável para proteger o socorrista das substâncias corporais infecciosas da vítima, como o vómito ou o sangue.

Muitas máscaras têm também um tubo de entrada de oxigénio incorporado, que permite a administração de 50-60% de oxigénio. Sem estar ligado a uma linha externa, o ar expirado pelo socorrista pode ainda fornecer oxigénio suficiente para viver, até 16%

Uma máscara de bolso não é tão eficaz como uma máscara de válvula de saco, mas tem as suas vantagens e é reconhecida pela sua portabilidade, quando só está disponível um socorrista. Uma vez que a máscara de válvula de saco requer duas mãos para funcionar, uma para formar o selo e a outra para apertar o saco, a máscara de bolso permite que ambas as mãos do socorrista estejam na cabeça da vítima.

Protectores oculares

A transmissão de doenças infecciosas pode ocorrer através da penetração de fluidos corporais nos olhos.

Para proteger os seus olhos da exposição à doença, deve usar escudos ou óculos de proteção. É importante que estes dispositivos tenham escudos, uma vez que o fluido pode nem sempre vir de frente. Se usar óculos, pode acrescentar-lhes protectores laterais.

Vestidos

As batas de corpo inteiro não são utilizadas com muita frequência fora do hospital. Não há uma boa razão para isso. Trata-se apenas de uma prática comum em todo o país. Coloque a bata correta no seu estojo de primeiros socorros e evite a necessidade de se desfazer da sua camisa ou blusa/camisola preferida.

Resíduos com risco biológico

Os resíduos contaminados devem ser colocados num contentor de resíduos biológicos amarelo, para os distinguir do lixo normal. Deve ser utilizado equipamento descartável, sempre que disponível. Quando for utilizado equipamento reutilizável, deve ser efectuada uma desinfeção adequada após cada doente. Os resíduos devem ser eliminados de forma adequada. Devem ser designados contentores para os resíduos contaminados, para que possam receber o transporte e o método de eliminação adequados.

Contentores afiados

O material cortante contaminado deve ser depositado num recipiente à prova de perfuração. Estes contentores protegem os trabalhadores do saneamento de ferimentos, bem como os socorristas.

Precauções relativas a objectos cortantes

Todos os socorristas devem tomar precauções para evitar ferimentos provocados por material cortante, que inclui: vidro partido, bisturis, agulhas ou qualquer objeto que possa perfurar a pele e que tenha sido potencialmente contaminado com sangue ou fluidos corporais. Se possível, evitar a utilização ou o manuseamento de objectos cortantes.

Evite práticas potencialmente arriscadas, tais como voltar a embainhar agulhas, transportar objectos cortantes quando não estão a ser utilizados imediatamente, colocar objectos cortantes perto de si quando acaba de os utilizar em vez de os deitar fora imediatamente ou tentar recuperar um objeto do recipiente para objectos cortantes.

Como socorrista, deve estar ciente de que pode haver implicações legais se não cumprir a legislação relevante. As suas acções são muito importantes porque as acções incorrectas podem dar origem a processos judiciais contra si e contra a sua entidade patronal.

Condições de tratamento de primeiros socorros

Quando iniciar o tratamento de primeiros socorros de uma vítima, deve prestar os primeiros socorros com competência e cuidado razoáveis e garantir que as suas acções não aumentam o risco para a vítima. Deve continuar a prestar os primeiros socorros depois de iniciado o tratamento, até que se aplique o seguinte:

i. A cena torna-se insegura.

ii. Um outro socorrista treinado chega e assume o controlo.

iii. A ajuda qualificada chega e assume o controlo.
iv. A vítima mostra sinais de recuperação e torna-se fisicamente incapaz de continuar.
Responsabilidade civil
A proteção contra a responsabilidade civil por um ato ou omissão deve existir desde que:
i. A pessoa que presta assistência fá-lo de boa fé (ou seja, actua honestamente, sem fraude, conluio ou participação em qualquer ato ilícito).
ii. A ação da pessoa foi realizada sem expetativa de recompensa ou pagamento.
iii. A pessoa não foi responsável pelo prejuízo em relação ao qual a assistência foi prestada.
iv. A capacidade da pessoa para exercer cuidados e competências razoáveis não foi significativamente afetada pelo facto de estar sob a influência de álcool ou drogas.
v. A pessoa exerce cuidados e competências razoáveis.
vi. A pessoa não se faz passar por um trabalhador dos serviços de emergência dos cuidados de saúde ou por um agente da polícia, nem declara falsamente que possui competências ou conhecimentos especializados relacionados com a prestação de assistência de emergência.
O que é necessário para prestar primeiros socorros?
Os requisitos em matéria de primeiros socorros variam de um local de trabalho para outro, consoante a natureza do trabalho, o tipo de perigos, a dimensão e a localização do local de trabalho, bem como o número de pessoas presentes no local de trabalho. Estes factores devem ser tidos em conta ao decidir que medidas de primeiros socorros devem ser tomadas.

Localização e armazenamento dos kits de primeiros socorros

Em caso de ferimento ou doença grave, é essencial ter acesso rápido ao estojo. Os estojos de primeiros socorros devem ser mantidos num local visível e acessível e devem poder ser recuperados rapidamente. Os kits de primeiros socorros devem ser colocados perto das zonas onde existe um maior risco de ferimentos ou doenças. Se o seu local de trabalho ocupar vários andares num edifício de vários andares, deve haver pelo menos um kit em cada andar. As plantas de emergência afixadas no local de trabalho devem incluir a localização dos kits de primeiros socorros.
Primeiros socorros Sinais
A afixação de sinais de primeiros socorros bem reconhecidos e normalizados ajudará a localizar facilmente o equipamento e as instalações de primeiros socorros.
Outros equipamentos de primeiros socorros
Para além dos kits de primeiros socorros, deve considerar se é necessário qualquer outro equipamento de primeiros socorros para tratar os ferimentos ou doenças que possam ocorrer em resultado de um perigo no seu local de trabalho. Pode tratar-se, nomeadamente, de disponibilizar um desfibrilhador automático para reduzir o risco de morte por ataque cardíaco. Os desfibrilhadores automáticos devem estar localizados numa área que não esteja exposta a temperaturas extremas e que seja claramente visível e acessível. Devem estar claramente sinalizados e ser mantidos de acordo com

as especificações do fabricante.

Instalações de primeiros socorros

As instalações de primeiros socorros incluem salas de primeiros socorros e centros médicos. Se uma avaliação de riscos determinar que é necessária uma sala de primeiros socorros ou um centro médico, uma área de descanso no local de trabalho pode ser adequada para prestar assistência a uma pessoa ferida ou doente.

Salas de primeiros socorros

Deve criar uma sala de primeiros socorros no seu local de trabalho se uma avaliação dos riscos indicar que seria difícil prestar os primeiros socorros adequados se não existisse uma sala de primeiros socorros. Por exemplo, os trabalhadores que exercem a sua atividade em locais de trabalho onde existe um risco mais elevado de ocorrência de ferimentos ou doenças graves que exijam não só primeiros socorros imediatos, mas também tratamento adicional por um serviço de emergência, podem beneficiar do acesso a uma sala de primeiros socorros específica. Recomenda-se a existência de uma sala de primeiros socorros nos locais de trabalho de baixo risco com mais de 200 trabalhadores e nos locais de trabalho de alto risco com mais de 100 trabalhadores.

O conteúdo de uma sala de primeiros socorros deve ser adequado aos riscos específicos do local de trabalho. A localização e a dimensão da sala devem permitir o acesso e a deslocação fáceis de pessoas feridas que possam ter de ser apoiadas ou deslocadas numa maca ou numa cadeira de rodas.

Os seguintes objectos devem estar presentes na sala:

i. Um estojo de primeiros socorros adequado ao local de trabalho
ii. Um lavatório com abastecimento de água quente e fria, sabão e toalhas de papel descartáveis
iii. Um sofá ou uma cama
iv. Um armário para arrumação de pensos, utensílios e roupa de cama
v. Um contentor com revestimento descartável para resíduos sólidos
vi. Uma tigela ou um balde (capacidade mínima de dois litros)
vii. Um recipiente para a eliminação segura de objectos cortantes
viii. Pontos de energia eléctrica

Considerações jurídicas relativas aos socorristas

As quatro principais considerações jurídicas relacionadas com o socorrista, nomeadamente o dever de cuidado, a negligência, o consentimento e o registo.

Dever de diligência

O dever de diligência descreve a obrigação legal que uma pessoa tem para com outra de agir de uma determinada forma. Enquanto socorrista, tem o dever de prestar cuidados razoáveis e especializados aos feridos ao prestar os primeiros cuidados. Porquê? Os deveres decorrem do facto de possuir conhecimentos e competências relevantes para uma situação de emergência médica.

Se optar por prestar assistência em primeiros socorros, tem o dever de utilizar os seus conhecimentos e competências de forma responsável. O direito consuetudinário não impõe aos socorristas o dever automático de prestar auxílio a todas as vítimas com que se deparam. No entanto, os socorristas têm o dever de prestar assistência de primeiros socorros se tiverem assumido voluntariamente esse papel. Por exemplo, um oficial de primeiros socorros nomeado num local de trabalho tem o dever de prestar assistência a outra pessoa nesse local de trabalho.

A legislação também pode impor um dever de assistência. Por exemplo, a legislação de alguns Estados determina que o pessoal das creches deve prestar assistência médica a uma criança doente ou ferida. No entanto, o Código Penal considera uma infração penal o facto de uma pessoa capaz de o fazer "deixar casualmente" de prestar primeiros socorros a uma pessoa urgentemente necessitada cuja vida possa estar em perigo. A pena é de até sete anos de prisão.

Negligência

No caso improvável de um socorrista emitido estar relacionado com a prestação de assistência de primeiros socorros,

Os tribunais analisarão as circunstâncias que rodearam o acontecimento para determinar se o socorrista agiu de forma negligente em relação à forma como os primeiros socorros foram prestados.

Para que um socorrista seja considerado negligente, devem estar presentes os seguintes factores

i. Existia um dever de cuidado entre o socorrista e o acidentado.
ii. O socorrista não exerceu cuidados e competências razoáveis na prestação de primeiros socorros.
iii. O socorrista violou o padrão de cuidados relevante.
iv. A vítima sofreu danos em resultado de um ato ou omissão do socorrista.

Considerações do tribunal

Na maioria dos casos, um socorrista não é considerado um "profissional". O tribunal analisará a formação do socorrista e o que uma pessoa prudente e razoável teria feito com o mesmo nível de formação nas mesmas circunstâncias. Uma vez que encorajar as pessoas a ajudar os outros deve ser do interesse público, é provável que o tribunal só considere os socorristas responsáveis se for possível demonstrar que o seu comportamento foi gravemente negligente e se tiver em conta todas as circunstâncias do acontecimento. O tribunal pode examinar questões para determinar se o socorrista exerceu um cuidado razoável, tais como

i. Qual era o nível de conhecimentos do socorrista?
ii. Que informações estavam disponíveis para o socorrista?
iii. O interrogatório foi efectuado de forma adequada?
iv. Foi efectuado um exame completo da vítima?
v. Foram tidos em conta todos os factos disponíveis?
vi. Foram respeitados os procedimentos de primeiros socorros aceites?
vii. Quais foram as circunstâncias em que o socorrista prestou assistência?

Por exemplo, um socorrista faz reanimação cardiopulmonar (RCP) a uma vítima em paragem cardíaca. Durante esta reanimação, parte-se uma costela. A reanimação é bem sucedida e, após o evento, a vítima decide processá-lo pela lesão na costela.

Decisão do tribunal

O tribunal analisaria os factos e poderia ter decidido isso:

É razoável esperar que um socorrista parta a costela de uma vítima enquanto efectua RCP para salvar a vida da vítima?

O socorrista actuou com cuidado e competência razoáveis?

O tribunal pode também fundamentar o seguinte:

O socorrista não foi negligente ao efetuar a reanimação desta forma. O resultado para a vítima de não efetuar a reanimação poderia ter sido muito pior do que sofrer uma costela partida.

Consentimento

Antes de começar a tratar uma vítima, deve pedir e receber o consentimento da vítima para o seu tratamento. Se a vítima estiver inconsciente ou for incapaz de dar o seu consentimento devido aos ferimentos, pode iniciar o tratamento. Se a vítima tiver menos de 18 anos, deve pedir o consentimento de um dos pais ou do tutor. Se os pais ou o tutor não estiverem presentes, pode iniciar o tratamento.

Não deve iniciar o tratamento se um adulto, que aparenta ter uma mente sã e ser capaz de tomar decisões, recusar a sua oferta de tratamento. Só deu o consentimento da vítima para a tratar de um problema que afecta a sua saúde imediata. Não deve prestar ajuda a qualquer doença que ultrapasse os seus conhecimentos de primeiros socorros.

Registo

Os socorristas devem sempre tomar notas ou preencher um relatório de acidente para qualquer evento em que participem, por mais insignificante que seja. A existência de registos adequados ajudá-lo-á a recordar o incidente se alguma vez for questionado sobre o mesmo numa fase posterior. A responsabilidade é maior se tiver um papel de socorrista no seu local de trabalho e poderá ter obrigações de comunicação ao abrigo da legislação sobre saúde e segurança no trabalho. Pode verificar esta questão junto do representante para a saúde e segurança no trabalho do seu local de trabalho.

Os registos podem ser utilizados em tribunal, pelo que deve certificar-se de que os seus relatórios ou notas são legíveis, exactos, factuais, contêm todas as informações relevantes e se baseiam em observações e não em opiniões.

Preparação do relatório

Na elaboração do relatório, devem ser seguidas algumas orientações gerais:

i. Utilizar apenas tinta preta ou azul.

ii. As correcções devem ser riscadas com uma única linha e rubricadas. Não utilizar líquido corretor para corrigir os erros. Assinar e datar o registo.

As informações devem ser mantidas confidenciais e só devem ser acedidas por pessoas autorizadas. A pessoa autorizada a aceder aos registos varia de local de trabalho para local de trabalho. Em caso de incidente no local de trabalho, deve ser enviada uma cópia ao representante autorizado da entidade patronal para efeitos de auditoria e de controlo da saúde e segurança no trabalho.

REFERÊNCIAS

Barry, A.R. (1980): "Remedial Treatment of Building", Londres: E and FN spon construction press.

Barry, A.R. (1991): "Defects and Deterioration in Building", Londres: E e FN soon construction press.

BRE (1996) Desiccation in Clay Soils. BRE 412, Fev.

Clive Richardson: A filosofia do inderpinning. (Navegação na Internet)

Edward, D Mille (1980): "Building Maintenance and preservation", publicado em associação com o Centre Trust, Londres.

Geoffrey K.C e Jinks A.I (1992): "Appraising Building defects Perspective on Stability and Hygrothermal Performance". U.K. London Group.

Gibson, E.J (1979): "Development in Building Maintenance", Applied Science Publishers Ltd. Londres.

Hutchinson, B.D. (1978)): "Maintenance and Repair of Building and Their Internal Environment", Butterworth's & Co Publisher.

I.S.E. (1996), Guide to Subsidence of Low Rise Buildings. The Institution of Structural Engineers, 1994. Dessecação em solos argilosos. BRE Digest 413, Fev.

Ivor H. Seeley (1995): Building Technology, The MacMillan Press, Londres.

N.B. Requisitos de Hutcheon para paredes exteriores (Navegação na Internet)

N. Ellis, R.D. & Hutchinson, J. Barton. (1978): "Maintenance and Repairs of Building", Butter worth & Co Publisher Ltd, Londres.

R.D. Milne. (1985): Building Estate Maintenance Administration, E & F.N Spon, Londres.

Randal. McMullan (1988): "Macmillan Dictionary of Building", The Macmillan Press Ltd, Londres.

Reginald Lee. (1976): "Building Maintenance Management", Granada Publishing Company, Grã-Bretanha.

The Building Research Establishment (1978): "Building Failure" Vol. 5, Construction Press England.

The National Building Agency (1979): "Common Building Defects", Inglaterra, The Construction Press.

BIOGRAFIA DO AUTOR

Onyeji Williams Chukwuemeka é um nigeriano que vive na cidade de Lagos. É um construtor profissional com áreas de interesse em gestão de manutenção de instalações e construção. Sou detentor de um diploma de HND em Tecnologia de Construção Civil do Politécnico Federal, cidade de Ado-Ekiti, Nigéria, e de um diploma de pós-graduação da Universidade Federal de Tecnologia, cidade de Akure, Nigéria. Sou membro do Instituto de Construção da Nigéria (NIOB), do Instituto Americano de Betão (ACI), da Associação Nacional de Betão Pré-fabricado da Áustria (ANPCA) e do Instituto de Gestão da Nigéria (NIM). Tenho cerca de duas décadas de prática profissional na indústria da construção e do ambiente. Atualmente, sou sócio principal da Cemewo Projects Limited, licenciada pelo Governo da República Federal da Nigéria, e professor no Federal College of Education Technical Akoka, campus afiliado de Yaba Lagos. É pastor e casado, com filhos tementes a Deus.

Printed by Books on Demand GmbH, Norderstedt / Germany